KB044497

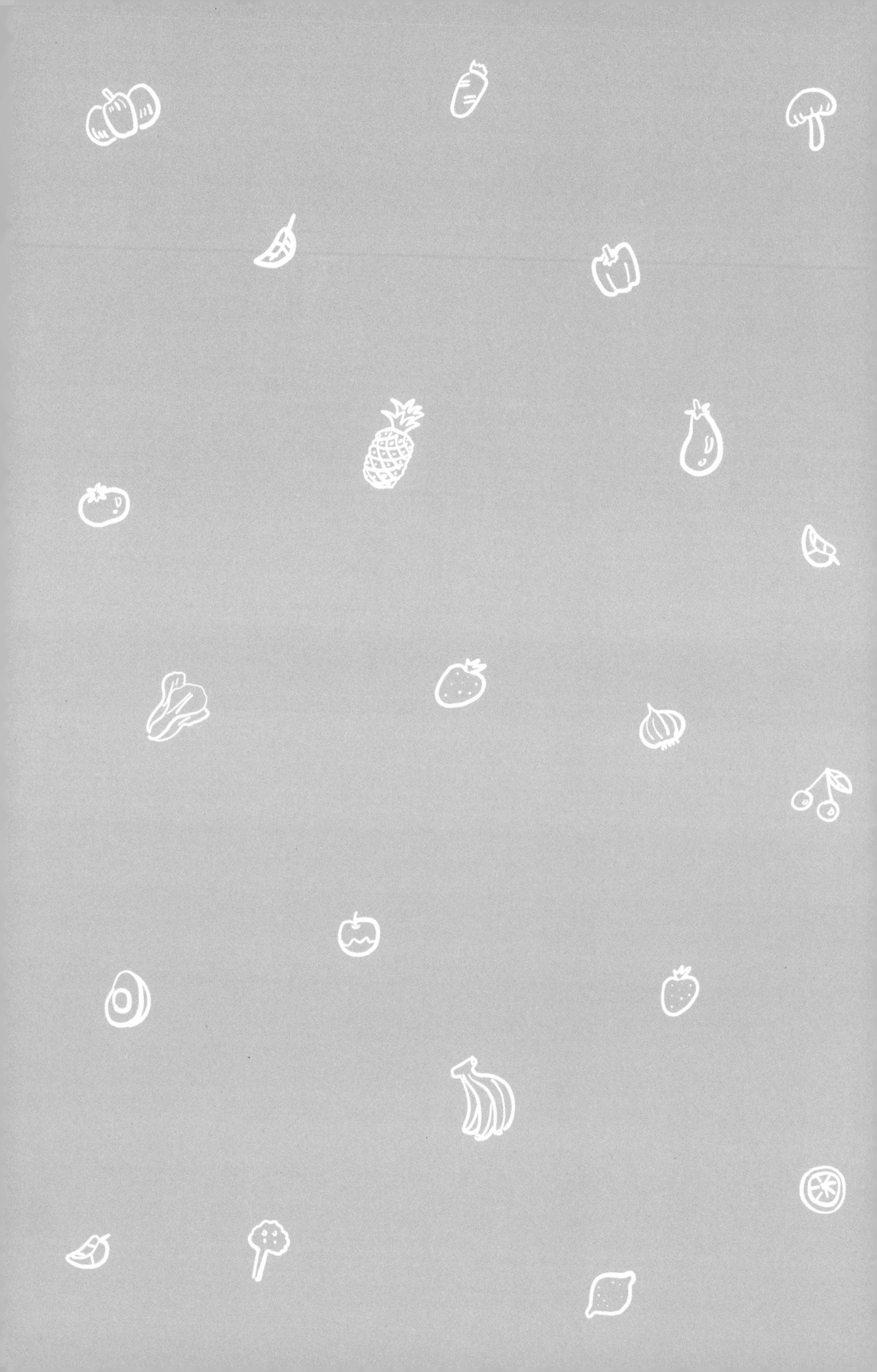

행복한 내 아이를 위한 맛있는 평생 건강 습관

로푸드 키즈 레시피

로푸드 키즈 레시피

펴낸날 2019년 4월 18일

지은이 장은숙, 김민정
펴낸이 주계수 | **편집책임** 이슬기 | **꾸민이** 이슬기

펴낸곳 밥북|**출판등록** 제 2014-000085 호
주소 서울시 마포구 양화로 59 화승리버스텔 303호
전화 02-6925-0370|**팩스** 02-6925-0380
홈페이지 www.bobbook.co.kr|**이메일** bobbook@hanmail.net

ISBN 979-11-5858-542-6 (13590)

※ 이 도서의 국립중앙도서관 출판시도서목록(CIP)은 e-CIP 홈페이지(http://www.nl.go.kr/cip)에서 이용하실 수 있습니다.
(CIP 2019013744)

행복한 내 아이를 위한 맛있는 평생 건강 습관
로푸드 키즈 레시피
Rawfood Kids recipe
장은숙 김민정
FOUR LADS
밥북

장은숙

아이를 키우는 엄마로서 가장 신경 쓰이고 염려되는 부분이 바로 먹거리 부분이었습니다.

지구 환경 오염이 날로 심각해지고 유해한 음식물이 늘어나는 현대 사회에서 '아이가 잔병치레 없이 건강하고 튼튼하게 자라게 하려면 어떤 음식을 어떻게 섭취해야 할까?'라는 궁금증이 생겼고 환경을 탓하기보다는 아이들에게 내가 해줄 수 있는 일은 무엇일까 고민하게 되었습니다.

내가 먹은 음식이 나의 몸을 만든다는 말처럼 채소, 과일, 견과류 등 살아있는 신선하고 건강한 음식을 통해 올바른 식습관을 아이에게 물려주는 것이 그 어떤 선물보다 더 의미 있고 가치 있다는 생각이 들었습니다.

신선한 채소, 과일이 몸에 좋은 것은 알고 있지만 정작 부모는 먹지 않으면서 아이에게만 먹으라고 강요한다면 아이로서는 반감이 생길 수도 있기에 부모의 영향을 많이 받는 아이에게 부모가 먼저 맛있게 먹는 모습을 보여주려고 노력했습니다.

시간이 날 때면 신선하고 알록달록한 컬러푸드로 아이들과 함께 요리 놀이를 하면서, 채소는 신선하고 맛있으며 요리는 즐겁고 재밌다 느낄 수 있도록, 눈으로 보여 주고 직접 입으로 맛볼 수 있게 노력했습니다. 이제는 아침에 눈을 뜨면 먼저 과일을 찾고, 채소에 대한 거부감도 많이 줄어서 브로콜리나 파프리카는 끼니마다 없어서는 안 될 반찬이 되었습니다.

아이 식단을 비타민과 섬유질이 풍부한 채소와 과일 위주로 짜니 변비약 없이도 아이의 배변 능력이 월등히 좋아지는 것을 느끼며, 평소 바나나를 자주 먹게 하고 저녁 식사 때 키위, 상추를 섭취함으로써 깊은 숙면에 큰 도움을 받고 있습니다. 특별한 비타민이나 영양제를 먹지 않아도 면역력이 높아져 감기에 걸리는 횟수가 줄어드는 것을 몸소 느끼고 있습니다.

영양 가득한 제철 채소와 과일 등 우리나라 계절에 맞게 재배되는 다양한 식재료로 만든 생채식 위주의 식사는 그저 끼니를 해결하기 위해 먹는 음식이 아니라 약이 되는 건강식 식사라고 생각합니다.

이 책의 레시피로 온 가족이 함께 만들어 맛있게 식사도 하고, 편식습관을 예방하여 건강하고 씩씩한 아이로 자랐으면 좋겠습니다.

김민정

극심한 피부염, 교통사고로 불어난 체중으로 힘들어하던 20대에 만난 로푸드는 저에게 많은 변화를 가져다주었습니다.

20대에는 예쁜 외모와 날씬한 바디라인을 위해 다이어트에 집중했다면, 로푸드를 만나고 건강한 변화를 경험하면서 지금은 보이는 체중변화(숫자)에 집중하는 것이 아닌, 건강하게 다이어트 할 수 있는 건강한 식단에 관심을 둡니다.

특히 결혼하고 아이가 생기고 난 후에는 우리 아이가 먹는 음식이 얼마나 중요한지 눈으로 보면서 먹거리에 관한 관심은 더 늘어났습니다.

바쁘기만 했던 20대의 유학 시절, 제가 먹던 음식의 대부분은 빠르게 조리할 수 있는 레토르트식품 또는 패스트푸드가 대부분이었고 이런 음식이 저의 몸과 마음을 얼마나 힘들게 하는지 그때는 미처 알지 못했습니다. 건강을 해치고 나서 식단을 바꾸기까지 많이 힘들었지만, 지금은 몸도 마음도 건강한 생활을 하고 있습니다.

그러기에 우리 아이에게는 어릴 때부터 좋은 음식을 경험하게 하고 싶었습니다.

재료를 함께 만지고 맛보며 놀이하듯 요리하는 일상 덕분에 30개월인 저희 아이는 녹색 잎채소로 만든 그린 스무디도 잘 마시고 또래와는 다르게 고추장에 채소 쌈을 좋아하는 아이로 자라고 있습니다.

많은 먹거리에 노출되어있는 요즈음, 쉽고 간편하게 주는 음식들이 우리 아이들에게는 건강하지 못한 식습관을 만들어 줄 수도 있습니다.

이 책을 통해 엄마와 아이, 또는 아빠와 아이가 함께 요리하며 어릴 때부터 건강한 식습관을 기를 수 있기를 희망해 봅니다.

L I S T

Part_1 로푸드

Part_2 소스, 잼

Part_3 음료

Part_4 수프

Part_5 샐러드, 브런치

Part_6 메인요리

Part_7 디저트

Part_8 런치타임

Part_1

로푸드

로푸드 아동 요리

1. 로푸드란?

raw는 '날 것, 생것'이라는 뜻으로 로푸드(Raw food)란 자연 그대로의 식재료만을 사용해서 먹는 생식요리를 의미합니다.

식재료를 높은 온도에 가열하면 효소나 영양소가 파괴되기 때문에 46~48℃ 이하의 열을 사용해서 화학 첨가물 없이 생채소, 과일, 싹틔운 씨앗류, 견과류, 곡류, 바다 식물 등 자연 상태에 가까운 식재료를 그대로 섭취할 수 있도록 다양한 도구를 이용해서 갈거나, 섞거나, 냉동으로 굳히거나, 또는 건조해서 먹는 요리입니다.

2. 로푸드 아동 요리란? (Rawfood Kids Cooking)

정크푸드와 몸에 유해한 식품 첨가물이 들어있는 가공식품을 많이 먹는 잘못된 식습관은 먹은 음식으로 구성된 아이의 두뇌에 영향을 미쳐 기억력과 집중력, IQ가 저하될 수도 있으며 잘못된 식생활이 성인이 되어도 쉽게 바뀌지 않아 암, 심장병, 당뇨 또는 아토피 등 다양한 바이러스성 질병에 쉽게 노출될 수 있습니다. 하지만, 어려서부터 비타민과 신선하고 살아있는 식재료들을 매일 섭취함으로써 여러 가지 질병들을 예방하고 자가면역 질환을 높이며, 암세포를 만들어 낼 수 있는 유해물질과 독소들을 없앨 수도 있습니다. 아이들이 좋아하는 요리활동을 통해 건강한 생채식 식습관을 가지며 평생 활력이 넘치고 자신감 있는 삶을 살아갈 수 있도록 도와줍니다.

로푸드 아동 요리란, 불을 사용하지 않아 안전하며, 신선한 채소, 과일, 씨앗, 정제되지 않은 곡물, 견과류, 바다 식물 등에 살아있는 효소와 식재료들의 영양분을 자연 그대로 직접 섭취할 수 있도록 유아, 아동의 나이와 기본적인 지식수준에 맞게 요리 주제를 선정하고 요리 지도하는 교육 방법입니다. 어린 시절부터 생채식 음식을 즐겨 먹고 자연에서 자라는 식재료들의 가치와 중요성을 이해하며 긍정적이고 감사한 마음을 가지는 아이로 자라게 됩니다.

3. 로푸드 아동 요리의 장점

아동이 직접 음식을 만들어 보고 맛보며, 대·소근육의 발달 및 자립심과 자신감이 향상되고 건강한 식습관을 형성할 수 있습니다. 창의성과 상상력이 기본이 되는 오감 자극을 통해 문제 해결 능력, 자기 주도적 학습능력, 사회성, 언어능력, 미술능력, 표현능력 등 통합 교육이 자연스럽게 이루어지며 위생습관과 편식습관 개선에 도움을 줄 수 있습니다.

♠ 교육적 기능

● 채소 자르기, 썰기, 오리기, 젓가락으로 옮기기 등 요리를 준비하고 만드는 과정. ➔ 소근육 협응력 발달, 신체조절능력 발달, 두뇌발달	● 미각, 촉각, 청각, 시각, 촉각(피부감각) 5가지 감각 자극. ➔ 지능개발, 감각훈련, 오감 증진, 두뇌발달, 인지발달
● 도구 명칭, 새로운 음식 이름, 단어, 낱말에 대한 이해, 규칙. ➔ 언어 표현능력 발달, 발표력, 사회성, 사회적 상호작용 up	● 식재료를 직접 씻고, 만지고, 맛보며 올바른 식습관 형성. ➔ 편식 습관 개선, 식사 예절 습관, 위생 관념, 청결 의식
● 다양한 모양의 자신만의 아이디어, 디자인 개발, 물질과 형태의 변형, 계량. ➔ 창의적, 논리적 사고 향상, 미술, 표현능력, 과학, 수학 개념 발달	● 질서를 지키고, 순서를 기다리고, 협동하며 식재료로 직접 만지고, 주무르며 만들어지기까지 정성과 인내심을 요함. ➔ 협동, 상호작용, 정서적 안정, 집중력, 관찰력
● 음식을 스스로 만들어 보며 긍정적인 자아감과 자신감이 상승. ➔ 독립심과 성취감, 자신감, 만족감, 자기 주도적, 자아존중감, 스트레스 해소	● 식목을 직접 자르고 재배해 보며 자연을 보호하고 환경의 중요성을 인식. ➔ 식물재배, 자연관찰, 환경보호, 음식의 중요성

4. 로푸드 아동 요리의 놀이방법

① 요리하고 남은 재료를 이용한 다양한 미술놀이

- 즐겁게 요리하고 남은 재료들은 아이들에게 장난감 가게에서 살 수 없는 창의적인 놀잇감이 됩니다. 딱딱한 채소류들은 재미있는 모양의 도장으로 변신하고, 알록달록한 채소로 얼굴, 우산, 토끼 등 자신만의 상상력으로 표현해보며 아이 스스로 관찰하고 탐구하며 사물의 특성을 이해합니다.

② 의성어, 의태어를 사용해서 아이가 상상하는 데로~ 말하는 데로~ 쉽고 재밌게 특별한 이름을 붙여 채소, 과일에 친근함을 느끼게 해주세요.

찌르릉 찌르릉 콩	포슬포슬 바나나	반짝반짝 별빛 광선 당근	사각사각 사과
뽀글뽀글 브로콜리	길쭉길쭉 오이	뽀드득뽀드득 가지	와글와글 참외
몰캉몰캉 홍시	시큼 새콤 오렌지	미끌미끌 파프리카	데굴데굴 귤

5. 로푸드 아동 요리 활동의 유의사항

- 요리 시작 전 위생을 위해 손을 깨끗이 씻고 앞치마를 메어 청결에 유의해 주세요.
- 음식 알레르기 또는 아토피가 있는지 알아보고 음식 재료, 메뉴를 선정합니다.
- 도구의 사용법을 잘 인지하고, 플라스틱 칼이나 아동용 안전 칼을 안전하게 사용할 수 있도록 하며, 주변을 깨끗이 정리해 주세요.
- 아이가 스스로 할 수 있도록 기다려 주고, 호기심, 궁금증에 대한 질문은 적극적으로 대답해 주세요.

아이 편식을 바꾸기 위한 "푸드 브릿지(food bridge)" 성공 방법

푸드 브릿지란 건강하고 올바른 식습관으로 바꾸도록 중간다리(bridge)를 놓아준다는 뜻입니다. 아이들이 싫어하는 음식들을 단계별로 다양한 놀이 속에서 접하게 해 거부감을 줄이고 호기심을 자극해서 친숙해질 수 있도록 유도한 후 직접 요리에 참여시켜 즐겁고 맛있게 섭취할 수 있도록 돕는 식습관 교정 방법입니다.

1. 친해지기

- 물감을 이용해 감자, 고구마, 당근 등 단단한 식재료로 도장 찍기
- 당근, 시금치, 비트 등을 즙을 내어 그림 색칠 놀이
- 미역, 오이, 두부 등 목욕시간을 활용해 식재료를 눈으로 손으로 만져보며 오감을 이용해 친숙하게 느낄 수 있도록 해주세요.

2. 간접노출

길쭉길쭉 당근, 까끌까끌 오이, 탱글탱글 포도, 울퉁불퉁 토마토, 아삭아삭 수박 등 언어로 아이의 호기심을 자극해 주세요. 과일, 채소가 나오는 동화책이나 자연관찰 책을 자주 보여주어 친근하게 기억되도록 해주세요.

3. 소극적 노출

책에서 본 다양한 채소 과일들을 거부감을 느끼거나 골라내지 않도록 아이가 좋아하는 다른 재료와 섞어서 먹을 수 있도록 해주세요.

4. 적극적 노출

어떤 식재료인지 분명하게 알 수 있도록 아이를 요리에 직접 참여시켜 썰어보고 냄새 맡아보며, 첨가물 없는 재료 본연의 맛을 느끼도록 해주세요.

채소, 과일 오감 체험

내가 먹은 채소/ 과일의 냄새, 소리는 어떤가요?	풀냄새 사각사각	당근 작은냄새 톡톡	채소 냄새 아사삭	햇빛 냄새 뽀득뽀득	달콤한 냄새 아삭 아삭
내가 먹은 채소/ 과일의 맛, 느낌은 어떤가요?	시원한 맛 차가워요	달콤한 맛 딱딱해요	풀맛 미끌미끌	물 맛 물풍선 같아요	새콤달콤 매끈해요
내가 먹은 채소/ 과일의 이름은 무엇인가요?	오이	당근	파프리카	방울 토마토	사과
내가 먹은 채소/과일 모양을 그려주세요.					

로푸드 요리 도구

로푸드 요리는 도구의 선택이 음식의 식감에 많은 영향을 줍니다. 한번 사면 오래 사용하기 때문에 처음 도구를 살 때 좋은 제품으로 구입할 것을 권유합니다.

♦ 고속 블렌더[고속 믹서기]

고성능 블렌더는 일반 믹서기와는 그 기능에 많은 차이가 납니다. 카페나 음식점에서 주로 사용하고, 일반 가정집에서 흔한 것은 아닙니다. 고성능 블렌더를 사용해서 지금까지와는 다른 로푸드 요리를 만들 수 있습니다.

♦ 푸드프로세서

푸드프로세서는 딱딱한 고체 식품을 물을 넣지 않고 부드럽게 만들어 반죽하는 느낌을 주고 싶을 때 사용하는 도구입니다. 로푸드 디저트를 만들 때 재료를 잘 뭉치게 하거나, 버터같이 농도가 진한 소스를 만들 때 사용하면 좋습니다.

♦ 식품 건조기

건조기는 오븐으로 만드는 요리의 느낌을 나게 해주는 도구입니다. 빵, 스낵, 쿠키, 칩 등 디저트 요리뿐만 아니라, 피자, 햄버거 등 건조기의 사용으로 더 많은 로푸드 요리를 할 수 있습니다.

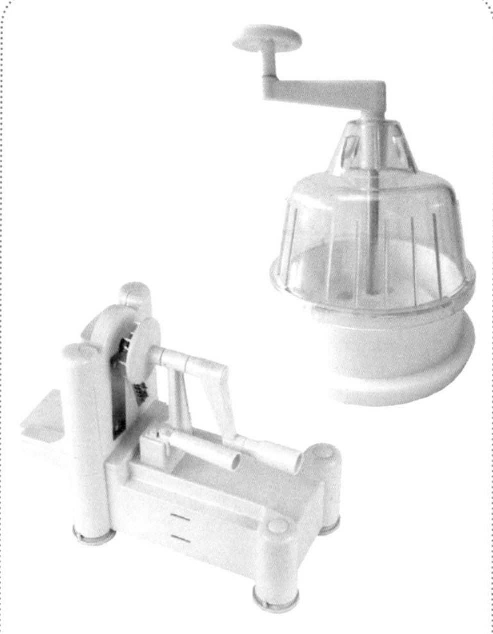

♦ 회전채칼[스피룰리/스파이럴 슬라이서 등]

로푸드 면을 만들 때 사용되는 도구로 스파게티 면을 만들 때 유용하게 사용할 수 있습니다. 칼의 선택에 따라 면의 두께와 모양이 다르며, 채소를 싫어하는 아이들이 직접 사용하며 재미를 느끼기에 좋은 도구입니다.

♦ 주서기[녹즙기]

주서기는 과일이나 채소를 사용해서 주스를 만들 때 사용합니다. 주서기의 가격이 비싼 편이기에 처음 살 때 신중하게 구입하는 것이 좋습니다.

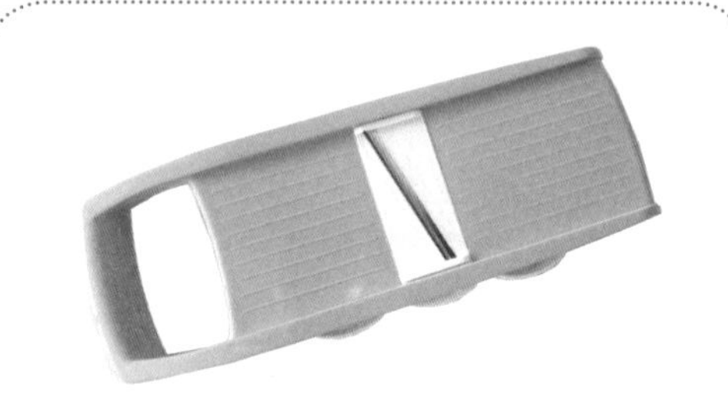

♦ 채칼

채소나 과일을 얇게 썰 때 사용하면 좋습니다. 필수도구는 아니지만, 있으면 쉽고 다양한 로푸드 요리를 할 수 있습니다.

♦ 계량컵/계량스푼

로푸드 요리는 계량이 조금 달라져도 일반 요리를 할 때보다 맛의 변화가 크게 느껴집니다. 계량컵과 계량스푼을 사용해서 정확하게 요리하는 것이 좋습니다. 계량컵 한 컵 200mL 기준 1컵 / 계량스푼 1작은술 5mL 1큰술 15mL 기준.

♦ 아이스크림 스쿱

아이스크림을 푸거나 쿠키를 만들 때, 동그란 모양을 낼 때 사용합니다.

♦ 너트 밀크 백

너트 밀크를 만들 때 펄프를 제거해 액체만 사용할 수 있도록 도와줍니다. 거름망 사용 후 흐르는 물에 깨끗이 세척해 바싹 말려서 다시 사용할 수 있습니다.

♦ 도마

과채류를 칼로 손질할 때 사용하며, 사용 후에는 깨끗이 세척하고 물기 없이 건조한 후 재사용합니다.

♦ 케이크 틀/타르트 틀

로푸드 케이크나 디저트를 만들 때 필요한 도구입니다. 바닥이 분리되는 제품을 쓰면 케이크를 분리하기 편리합니다.

♦ 스페츌러/알뜰주걱

고속 블렌더나 푸드프로세서를 사용 후 재료를 옮길 때 나머지 부분까지 깨끗하게 옮길 수 있도록 도와줍니다.

로푸드 식재료

주재료

자연 그대로의 재료를 사용하여 요리하기에 재료의 선택이 중요합니다. 주재료만 잘 사용해도 깨끗하고 건강하며 다양한 로푸드 요리를 만들 수 있습니다.

♦ 채소

채소는 칼로리가 낮고 식이섬유가 풍부하므로 원하는 만큼 마음껏 먹습니다. 오이, 셀러리, 파프리카, 애호박, 토마토, 브로콜리, 콜리플라워, 옥수수 등.

♦ 녹색 잎채소

녹색 잎은 철분, 칼륨, 프로틴 등 좋은 영양소를 많이 함유하고 있기 때문에 로푸드에 중요한 재료입니다. 또한, 로푸드 식사 시에 샐러드에 들어가는 대부분의 재료가 잎채소가 되어야 합니다. 로메인, 케일, 시금치, 양배추, 적근대, 치커리, 청경채 등.

◆ 과일

과일은 비타민이 풍부한 식재료로 로푸드를 시작하는 초보자들이 가장 쉽게 접근할 수 있는 식재료입니다. 사과, 배, 오렌지, 딸기, 바나나, 파인애플, 포도, 키위, 아보카도, 레몬 등

◆ 씨앗류

부족하기 쉬운 단백질을 보충해 주고 미네랄이 풍부합니다. 물에 불려 건조해서 사용하면, 효소 함량이 더욱 높아지면서 먹었을 때 식감도 살아납니다. 아마씨, 치아씨, 햄프씨 등.

◆ 견과류

견과류로부터 좋은 지방질을 얻을 수 있습니다. 볶아서 판매하는 견과류는 먹지 않는 것이 좋고, 소화를 돕기 위해 물에 불린 후 먹는 것이 좋습니다. 아몬드, 캐슈, 호두, 잣, 헤이즐넛, 피칸 등

◆ 곡류

단백질이 풍부하며 소화를 돕기 위해 물에 불려서 건조시킨 후 먹는 것이 좋습니다. 현미, 귀리, 메밀, 흑미, 오트 등

◆ 바다 식물(해조류)

미네랄이 풍부하고 바다 식물로 요리할 때 짠맛을 얻을 수 있습니다. 김, 미역, 톳, 다시마 등

◆ 지방질

자연의 재료로부터 지방질을 섭취하는 것이 좋습니다. 아보카도, 코코넛 오일, 올리브 오일, 아마씨 등

◆ 천연 감미료

흰 설탕이나 조미료를 사용하는 대신에 사용하면 좋습니다. 달콤한 맛을 내주어 로푸드 식사 시 만족감을 더 해 줍니다. 아가베 시럽, 메이플 시럽, 코코넛 설탕, 유기농 설탕 등

♣ 부재료

로푸드를 요리하다 보면 조금은 익숙하지 않은 식재료를 보게 됩니다. 수입 제품이 많지만, 요즘은 대형마트, 인터넷으로 쉽게 구매할 수 있습니다.

♦ 생카카오 파우더

정제나 가공을 거치지 않고 전혀 다른 첨가물이 들어있지 않은 생카카오 가루입니다. 로푸드 디저트를 만들 때 주로 사용하고 씁쓸한 맛을 내는 것이 특징입니다.

♦ 캐롭 파우더

콩가루 열매에서 추출한 가루로 단맛이 강해서 로푸드 디저트를 만들 때 많이 사용합니다. 캐롭은 초콜릿보다 칼로리가 60% 낮고, 상당량의 인과 칼륨, 비타민이 들어있습니다.

♦ 카카오 버터

로푸드 초콜릿이나 디저트를 만들 때 카카오 버터를 사용합니다. 딱딱한 모양의 고체 덩어리를 잘게 잘라서 건조기를 사용해 녹인 후 사용합니다.

♦ 아몬드 버터

생아몬드를 사용해서 만든 버터로 시중에서 구매할 수 있지만 만드는 방법이 간단합니다. 푸드프로세서를 사용하여 쉽게 만들 수 있습니다.

♦ 코코넛 오일

코코넛 과육에서 추출한 오일로 맛과 향이 독특하고 각종 영양분이 풍부해서 로푸드 요리에 많이 사용됩니다. 일반 오일과 비교했을 때 트랜스 지방과 콜레스테롤이 거의 없어 다이어트에도 좋습니다.

♦ 코코넛 플레이크

코코넛 과육을 말린 제품으로 바삭하고 고소한 맛입니다. 로푸드 디저트를 만들 때 주로 사용됩니다.

♦ 코코넛 밀크

야자나무의 열매인 코코넛의 껍질에 붙어 있는 과육에서 뽑아낸 진액입니다. 로푸드 요리에서 우유 대신 사용합니다.

♦ 애플사이더 비네이거

저온살균을 하지 않고 효소가 살아있는 비정제 식초입니다. 〈아이허브〉의 인터넷 사이트에서 구입할 수 있고 이를 대신해 시중에서 쉽게 구할 수 있는 사과 식초, 현미 식초 등을 사용해도 좋습니다.

♦ 뉴트리셔널 이스트

치즈 맛을 나게 해 주는 가루 제품으로 단백질 공급을 해줍니다. 로푸드 피자나 로푸드 칩 등을 만들 때 사용합니다.

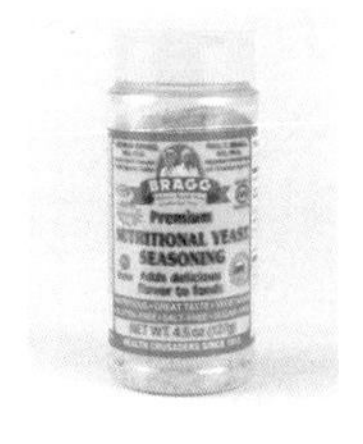

♦ 아가베 시럽

선인장 뿌리에서 추출한 당분으로 칼로리는 낮지만, 당도가 설탕의 1.5배 정도의 강한 단맛을 내어 당도가 필요한 로푸드 요리에 많이 사용됩니다.

♦ 건조과일

대추야자, 곶감, 크랜베리, 건포도 등 말려서 사용하고 건조되는 과정에서 수분이 증발하여 영양분과 당도가 높아집니다. 아가베 시럽이나 유기농 설탕 대신 단맛을 가미할 때 사용하고 점성이 필요한 디저트를 만들 때 말린 과일을 함께 넣어 사용하면 재료들이 잘 붙는 역할을 합니다.

♦ 생발효간장

고온살균 과정을 거치지 않은 제품으로 해외의 타마리 제품을 대신 사용합니다.

♦ 레몬즙/라임즙

레몬즙과 라임즙은 시큼한 맛을 내기 위해 자주 사용되는 재료로 마트에서 구입할 수 있습니다.

♦ 천일염/핑크소금

로푸드 요리에는 천일염과 핑크소금의 사용을 권유합니다. 천일염과 핑크소금은 정제된 소금보다 미네랄이 풍부하고 섭취 시에 칼슘이 염화나트륨을 몸 밖으로 배출합니다.

♦ 허브/향신료

바질, 오레가노, 로즈마리, 파슬리, 시나몬가루, 민트, 생강, 마늘 고춧가루 등이 있습니다. 허브와 향신료의 사용은 요리의 맛을 더 깊고 풍성하게도 하지만, 힐링의 목적으로도 사용됩니다. 허브의 향은 로푸드 음식을 대하기 전 후각으로 먼저 음식을 느낄 수 있도록 도와줍니다. 이러한 부분은 우리 몸에 쉽게 나타날 수 있는 질병을 억제해주고 몸과 마음을 편안하게 만들어 줍니다.

1. 컬러에 따른 채소와 과일의 영양성분

최근에 주목받고 있는 피토케미컬은 채소나 과일의 색소 성분을 말하며 식물만이 가지고 있는 영양소로 해독작용, 면역력 증진 등 강한 항산화 효과를 가지고 있습니다. 채소와 과일은 색깔에 따라 각각이 지닌 영양소와 효능이 다르기 때문에 다양한 컬러의 재료를 고루 섭취하는 것이 좋습니다.

	영양성분	종류	효과
Green	클로로필 비타민ABC 식이섬유	시금치, 케일, 오이 브로콜리, 셀러리 파슬리, 키위 청포도, 허브 등	혈액 정화 노폐물 배출 세포재생능력 피로회복
Red	리코펜 안토시아닌	빨간 파프리카, 비트, 토마토 딸기, 자두 체리, 석류 등	암, 빈혈 예방 노화 방지 혈관 강화 성인병 예방
Orange Yellow	베타카로틴 카로티노이드	노란 파프리카, 귤, 잣 수박, 오렌지, 당근 파프리카, 망고 파인애플, 바나나	눈 건강 혈액순환 개선 항암효과 면역력 강화 발육촉진
purple	안토시아닌	가지, 블루베리 무화과, 적양배추 자색당근, 적포도	노화방지 콜레스테롤 감소 시력보호 피로회복 심신안정 심장질환 예방

2. 재료 보관방법

더욱 신선하고 건강하게 먹기 위해서 재료 보관과 손질 방법이 중요합니다. 채소 과일 세척 시 물을 받아 1분 정도 담가 준 뒤 흐르는 물로 헹구면 안심하고 드실 수 있습니다.

♣ 잎채소류

깨끗이 세척 후 물기를 제거하고 밀폐용기에 담아 냉장실에 보관하면 싱싱하고 아삭한 식감을 유지할 수 있습니다.

♣ 후숙 채소 및 과일

토마토, 키위, 멜론, 아보카도 등 후숙 채소나 과일은 완전히 익힌 후 냉장실에 보관하고 아보카도는 레몬즙을 뿌려 보관하면 갈변 현상을 지연할 수 있습니다.

♣ 단단한 채소

브로콜리, 양배추, 당근, 애호박 등의 채소는 구입 후 신문지나 키친타월로 잘 싸서 냉장 보관해주세요.

♣ 기타

레몬, 라임은 물기가 없는 상태에서 랩으로 싸서 냉장 보관하고 생강은 껍질째 신문지에 싸서 냉장 보관해 주세요.

♣ 씨앗류&견과류

제조일자, 포장일자, 유통기한을 잘 확인하고 개봉 후 3개월 이내로 섭취하며 물에 불린 견과는 건조기에 말려 냉동 보관해주세요.

♣ 곡류

깨끗한 봉지에 담아서 바람이 잘 통하는 서늘한 곳에 보관해주세요.

♣ 해조류(바다 식물)

서늘하고 직사광선이 없는 곳에 보관하며 생것이나 물에 젖은 재료는 냉장 또는 냉동 보해주세요. 빠른 시일 안에 드시는 것이 좋습니다.

3. 로푸드 쿠킹 스킬 - 불리기

♣ 견과류와 곡류 씨앗을 불리기

로푸드를 요리하기에 앞서 중요한 요리 스킬 중의 하나인 "불리기" 과정이 있습니다.
로푸드를 요리할 때 견과류, 곡류, 씨앗류를 불려서 사용하세요. 이러한 과정은 음식에 살아있는 효소를 활동하게 하여 음식 자체에 생명력을 부여하게 됩니다. 즉, 불리는 과정을 통해 효소가 살아있는 음식을 섭취할 수 있는 것입니다. 또한, 견과류와 씨앗을 불리게 되면 식재료 자체의 산도와 쓴맛을 감소시켜 쉽게 소화할 수 있도록 도와줍니다.

♣ 불리는 방법

견과류와 씨앗류를 깨끗이 씻은 후 유리병에 담고 2배 이상의 물을 넣어 실온에 보관합니다. 2~12시간 정도 물에 불려준 후 깨끗하게 헹궈서 로푸드 요리에 사용하세요. 바로 사용하지 않을 때는 건조시켜 밀폐용기에 넣어 햇빛이 들지 않는 곳에 보관해주세요.

♣ 생수에 불리는 시간

아몬드 8~12시간

피칸/호두 2~4시간

캐슈너트 2~3시간

해바라기씨 2~4시간

건과류(건포도/대추야자/건무화과/건크렌베리/푸른 등)
20~30분

견과류에 들어있는 지방은 불포화 지방으로 스스로 분해하는 능력이 뛰어나고 부족한 단백질을 보충할 수 있습니다. 하지만 다량 섭취하면 비만, 설사, 복통 등의 부작용으로 건강을 해칠 수가 있으니 하루 권장량을 지키는 것이 적당합니다.

1일 권장량 : 성인 기준/ 성인 주먹 한주먹
유아 기준/ 유아 주먹 한주먹 정도

food_art

엄마 아빠가 먼저 채소, 과일을 맛있게 먹는 모습을 보여주세요.

반복적인 노출이 필요해요.

오이, 파프리카, 당근, 셀러리 등을 스틱 형태로 썰어서 식탁 위에 올려놓고

자주 보고, 자주 섭취할 수 있게 해주세요.

스스로 물을 주며 새싹, 채소를 길러보면 더욱 좋아요.

아이 손으로 직접 채소를 가져다 먹으면 안아주고, 무한 칭찬해 주세요.

훌륭해! 칭찬해! 대단해!

채소야! 친구 하자! 눈과 손으로 신나게 가지고 놀아요.

채소 과일 그림이 그려진 그림책을 아이에게 자주 반복해서 읽어 주세요.

안 먹는다고 잘못된 건 아니에요. 친해지려면 시간이 걸릴 뿐이죠.

채소, 과일 먹기를 어려워한다면 조금 더 기다려 주세요.

생각보다 시간이 조금 더 필요할지도 몰라요.

쓱싹쓱싹, 사각사각, 조물조물, 신선한 식재료로 아이와 함께 요리하며

즐거운 시간을 보내세요.

함께 보낸 행복한 시간 만큼, 아이는 채소를 좋아할지도 몰라요.

아이 모습 그대로, 인정해 주고 이해해주세요.

Part_1

소스, 잼

직접 만들어서 식품 첨가물이
들어있지 않은 홈메이드 소스로
로푸드의 신선함을 즐기고
건강도 챙기세요!
파인애플 잼
아몬드 버터
Yummy
WooD
WORK
라즈베리 잼
블루베리 잼

아몬드 버터

재료	아몬드 3컵, 천일염 조금

How to make

① 아몬드는 물에 불린 후 물기가 남아있지 않도록 완전히 건조합니다.

② 푸드프로세서를 사용하여 아몬드와 천일염을 넣고 버터 식감이 될 때까지 갈아주세요.

파인애플 잼

재료	냉동 파인애플 1과 1/2컵, 아가베 시럽 2작은술

How to make

모든 재료를 푸드프로세서를 사용해 갈아주세요.

라즈베리 잼

재료	냉동 라즈베리 1컵, 대추야자 1/4컵, 아가베 시럽 1/4컵, 물 1/4컵, 치아씨드 1~2큰술

How to make

① 치아씨드를 제외한 모든 재료를 푸드프로세서를 사용해서 갈아주세요.

② ①에 치아씨드를 넣고 섞어주세요.

블루베리 잼

재료	냉동 블루베리 1/2컵, 대추야자 1/4컵, 아가베 시럽 1/4컵, 물 2큰술

How to make

모든 재료를 푸드프로세서를 사용해 갈아주세요.

데리야키 소스
깻잎 페스토 소스
토마토 소스
캐슈너트 마요 소스
뭉크 소스

데리야키 소스

재료	간장 2큰술, 아가베 시럽 3큰술, 레몬즙 3큰술, 참기름 2작은술, 다진 양파 2큰술, 다짐 마늘 1작은술, 참깨 조금, 후추 조금

How to make

모든 재료를 잘 섞어주세요.

깻잎 페스토 소스

재료	깻잎 1컵, 잣 2큰술, 올리브 오일 1큰술, 참기름 1큰술, 뉴트리셔널 이스트 1/4작은술, 천일염 1/4작은술, 다진 마늘 1/2작은술

How to make

모든 재료를 푸드프로세서를 사용해서 갈아주세요.

토마토 소스

재료	토마토 1개, 건조 토마토 1/2컵, 곶감 1개, 레몬즙 1큰술, 다진 마늘 1작은술` 천일염 조금

How to make

모든 재료를 푸드프로세서를 사용해 갈아주세요.

뭉크 소스

재료	아몬드 1컵, 곶감 1개, 간장 1작은술, 레몬즙 1큰술, 다진 마늘 2작은술, 물 1/4컵

How to make

모든 재료를 푸드프로세서를 사용하여 잘 뭉치도록 갈아주세요.

캐슈너트 마요 소스

재료	불린 캐슈 1컵, 올리브 오일 1큰술, 레몬즙 1큰술, 아가베 시럽 1작은술, 천일염 조금, 물 조금

How to make

모든 재료를 푸드프로세서를 사용해서 갈아주세요.
(물로 마요네즈 농도가 되도록 조절합니다.)

food_art
food_art

food_art

Part_3

음료

에브리데이 주스 #케일 #사과 #키위 #레몬

매일 하루 한 잔 마시면 건강에 아주 좋은 주스입니다.
처음 주스를 시작하거나, 채소를 꺼리는 아이라면
다양한 과일과 채소를 접하면서 조금씩 채소의 비율을 높여 주세요.

재료

즙케일 2장, 사과 1개, 키위 1개, 레몬 1/3개

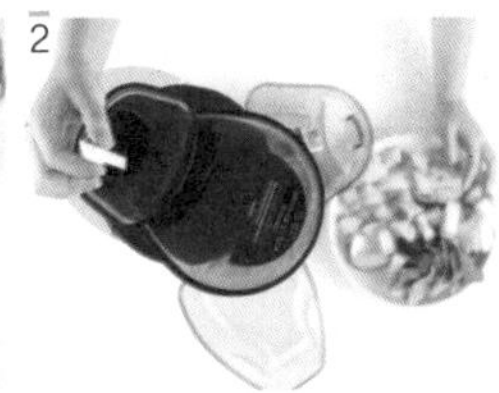

How to make

1_ 각각의 재료 세척 후 한입 크기로 잘라주세요.

2_ 주서기로 착즙 합니다.

과일을 통째로! 비타민 주스

베타카로틴, 비타민, 미네랄, 식이섬유가 풍부하고 면역력을 높여 줘서
감기 예방에 좋으며 환절기 감기가 잘 든다면 미리미리 마셔주면 더욱 좋습니다.

재료

사과 1개, 오렌지 1개, 당근 1개

How to make

1_ 재료를 손질 후 작게 잘라주세요.

2_ 주서기로 착즙 합니다.

수분 충전 주스

호흡기 건강에 도움을 주며, 우리 몸속 흡수된 미세먼지의 배출을 돕고
건조해진 코, 목의 기관지 점막을 촉촉한 상태로 유지해서 우리 몸을 건강하고 활력 있게 충전해줍니다.

재료

배 1개, 셀러리 1/2줄기, 레몬 1/2개, 오이 1/2개(옵션)

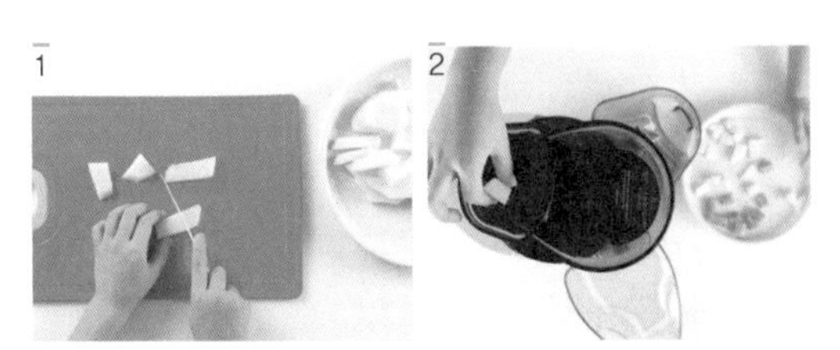

How to make

1_ 과일, 채소를 작게 잘라주세요.

2_ 주서기로 착즙 합니다.

아임 파인 주스 #파인애플 #셀러리

소화를 돕는 새콤달콤한 맛의 파인애플은 독특한 향과 쌉싸름한 맛의 셀러리와 잘 어울립니다.
셀러리는 인체에 좋은 알칼리 식품으로 유해물질의 산성화를 막고 심신 안정에도 도움을 줍니다.
다양한 과일과 함께 주스로 만들면 거부감 없이 먹을 수 있습니다.

재료

파인애플 2컵, 셀러리 2줄기, 레몬 1/3개

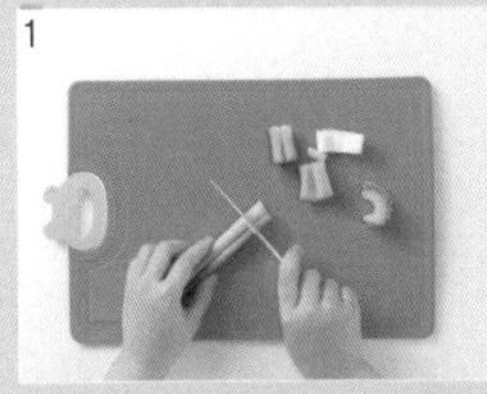

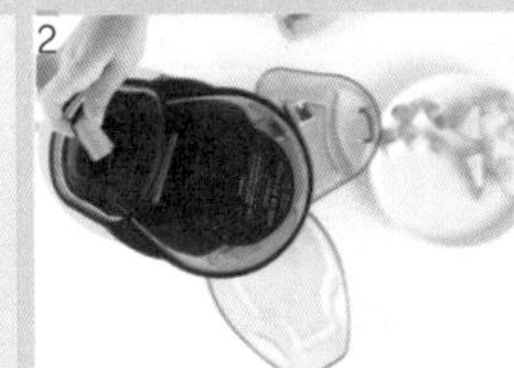

How to make

1_ 모든 재료를 작게 잘라주세요.

2_ 주서기로 착즙 합니다.

굿모닝 그린 스무디 #파인애플 #케일 #사과

아침 식사 전 공복에 마시면 더욱 좋은 그린 스무디입니다.
매일 아침 건강한 한 잔으로 그린 스무디의 에너지를 듬뿍 받아 보세요.

재료

쌈케일 4장, 사과 1개, 파인애플 1/2컵, 물 1컵

1
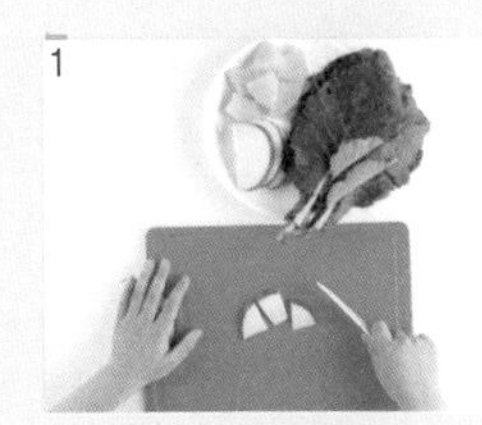
2
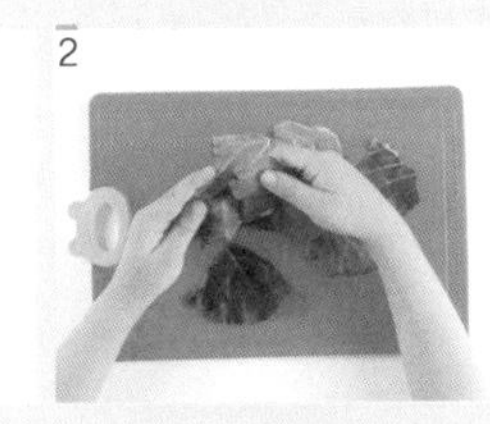
3
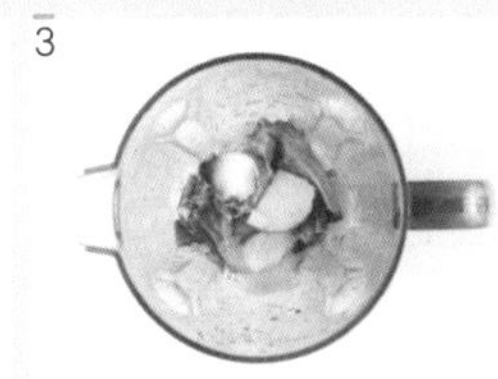
3-1
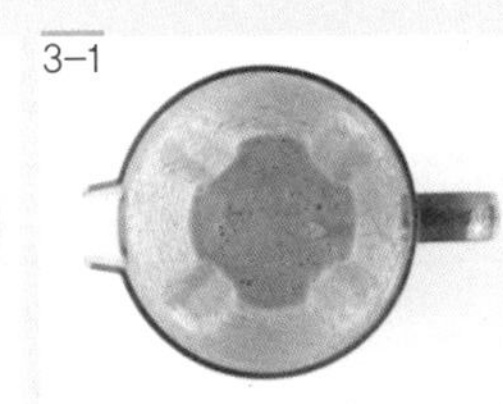

How to make

1_ 사과, 파인애플을 작게 잘라주세요.

2_ 케일은 중간 심을 빼고 잎은 손으로 찢어 주세요.

3_ 고속 블렌더에 모든 재료를 넣고 갈아주세요.

헬로우 그린 스무디 #청경채 #복숭아 #바나나

청경채는 카로틴과 비타민C, 풍부한 섬유질이 있어서 변비 탈출에 아주 좋은 채소입니다.
그린 스무디를 처음 시작하거나 채소가 낯선 아이들이 먹기에도 비교적 편한 채소입니다.

재료

청경채 1줌, 복숭아 1개, 바나나 1개, 물 1컵

1 1-1

How to make

모든 재료를 손질한 후 고속 블렌더를 사용해 갈아주세요.

상큼한 너 스무디 #키위 #비트 #딸기

대장활동에 도움을 주어 변비에 효과적인 키위, 철분 가득한 비트, 리코펜과 안토시아닌이 들어 있어 면역력 향상에 도움을 주며 비타민 C가 풍부한 딸기가 어우러진 성장기 어린이에게 좋은 스무디입니다.

재료

키위 1개, 비트 1/4컵, 냉동 딸기 1컵, 레몬 1큰술, 물 1컵

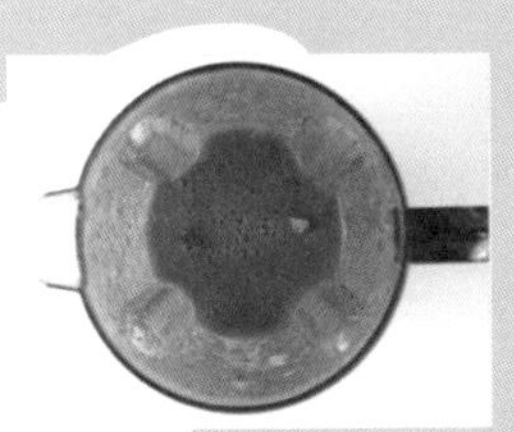

How to make

모든 재료를 손질한 후 고속 블렌더를 사용해 갈아주세요.

퐁신퐁신 딸기 구름 스무디 #딸기 #바나나

비타민C가 풍부하고, 잇몸을 튼튼하게 하며 항산화 작용이 뛰어난 새콤달콤 빨간 딸기!
딸기우유 맛이 나는 스무디는 아이들 영양 간식으로 좋습니다.

재료

냉동 딸기 1컵, 바나나 1개, 비트 1조각, 아몬드 밀크(p.55) 3/4컵

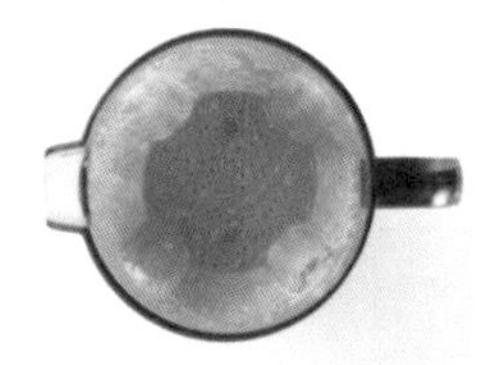

How to make

모든 재료를 손질한 후 고속 블렌더를 사용해 갈아주세요.

눈이 반짝 반짝 스무디 #당근# 사과

당근은 비타민A가 풍부하고 눈 건강과 면역력 향상에 도움을 줍니다.
당근과 사과를 함께 갈아주면 평소에 당근을 싫어하는 아이도 부담 없이 마실 수 있습니다.

재료

당근 1/2개, 사과 1개, 물 1컵

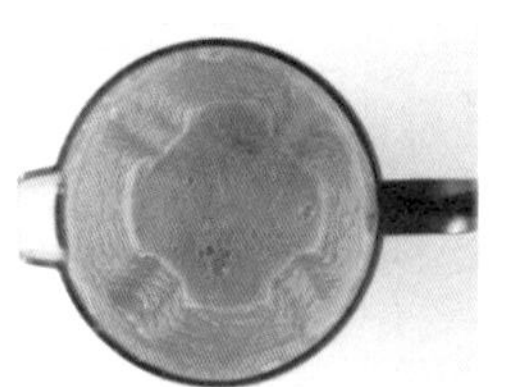

How to make

각각의 재료를 손질 후 고속 블렌더에 넣고 곱게 갈아주세요.

아몬드 밀크

평소에 우유를 마시면 소화가 안 되거나 우유를 먹지 못하는 체질인 아이에게 좋습니다.
스무디를 만들 때 넣으면 더욱 특별하고 다양한 스무디를 만들 수 있습니다.

재료

불린 아몬드 1컵, 물 2.5컵, 천일염 조금

1

2

How to make

1_ 불린 아몬드, 물, 천일염을 고속 블렌더를 사용해 곱게 갈아주세요.

2_ 너트 밀크 백을 사용해서 펄프와 액체를 분리합니다. 냉장 보관하고 이틀 동안 먹을 수 있습니다.

캐슈 밀크

섬유질이 풍부하고 변비 예방에 좋은 고소한 캐슈너트와 달콤한 대추야자를 넣어 부드러운 비건 밀크(Vegan Milk)입니다. 우유, 치즈, 버터 대용으로 활용할 수 있습니다.

재료

불린 캐슈 1컵, 대추야자 2개, 천일염 조금, 물 2.5컵

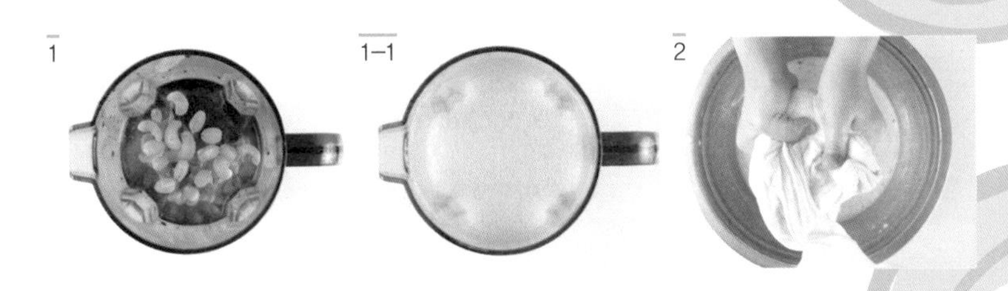

How to make

1_ 모든 재료를 고속 블렌더를 사용해서 곱게 갈아주세요.

2_ 너트 밀크 백을 사용해서 펄프와 액체를 분리합니다. 냉장 보관하고 이틀 동안 먹을 수 있습니다.

라즈베리 잼 밀크

비타민과 미네랄이 풍부한 라즈베리 잼과 아몬드 밀크의 고소한 맛을 함께 즐길 수 있습니다!

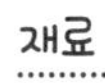

재료

라즈베리 잼 1/4컵, 아몬드 밀크(p.55) 1컵, 바닐라 에센스 1/4작은술

How to make

1_ 유리컵 바닥에 라즈베리 잼을 채워주세요.

2_ 1에 아몬드 밀크를 붓고 바닐라 에센스를 넣어 섞어서 드세요.

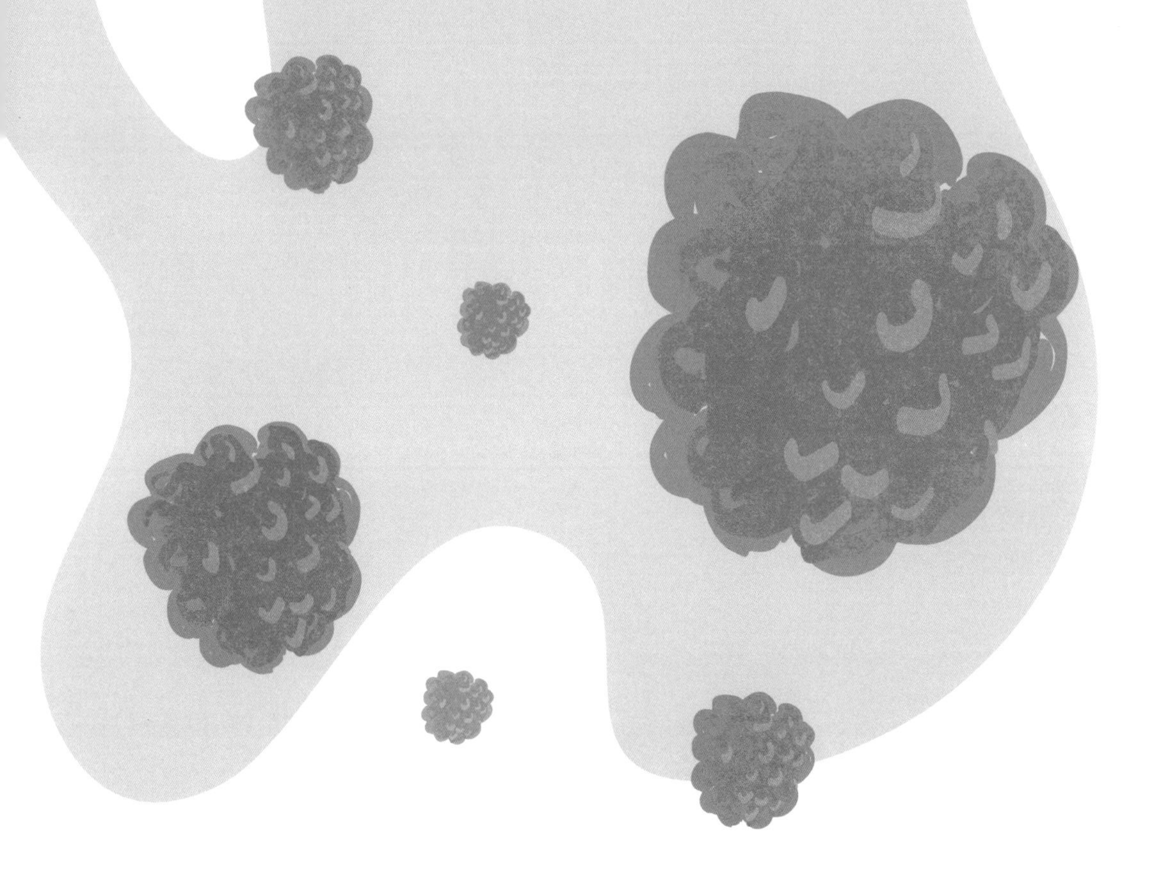

파인애플 잼 밀크

기분이 상쾌 해지는 파인애플 잼과 고소한 캐슈 밀크는
입안 가득 새콤달콤함과 부드러움을 동시에 느낄 수 있게 합니다.

재료

캐슈 밀크(p.56) 1컵, 파인애플 잼 1/4컵

1

1-1

How to make

1_ 냉동 파인애플과 아가베 시럽을 푸드프로세서에 넣고 갈아서 파인애플 잼을 만들어 주세요.

2_ 유리컵에 파인애플 잼을 담고 캐슈 밀크를 부어 잘 섞어서 드세요.

블루베리 잼 밀크

슈퍼푸드로 안토시아닌이 풍부해 항산화 능력과 면역력, 시력보호, 두뇌발달에 효과적인 달콤한 블루베리로 만든 블루베리잼은 고소하고 부드러운 아몬드 밀크와 잘 어울려 맛도 건강에도 좋습니다..

재료

아몬드 밀크(p.55) 1컵, 블루베리 잼 1/4컵

1 1-1

How to make

1_ 유리컵에 블루베리 잼을 담고 아몬드 밀크를 부어 잘 섞어서 드세요.

퓨어 인퓨즈 워터 #건조과일

건조칩과 티백을 사용해 맛이 더 강하고 특별한 인퓨즈 워터를 만들 수 있습니다.

재료

건조과일, 티백 1개(취향에 따라 선택 가능), 물 1L

1

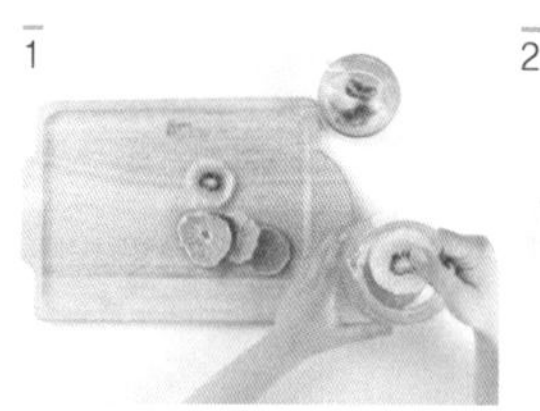

2

How to make

1_ 따뜻한 물 500mL에 5분 정도 티백을 우립니다.

2_ 1에 미온수 500mL와 건조과일을 넣어 12시간 정도 우려주세요.

3_ 티백과 건조과일을 제거한 후 냉장 보관하며 이틀 동안 마십니다.

힐링타입 인퓨즈 워터 #레몬 #오이 #애플민트

비타민이 풍부하며 소량의 허브류 첨가는 힐링의 느낌도 준답니다.

재료

레몬 1/2개, 오이 1/2개, 애플민트 1/3컵, 물 1L

How to make

1_ 레몬 오이는 얇게 슬라이스 해주세요.

2_ 유리병에 물 1L를 붓고 애플민트를 넣은 후 손질한 레몬과 오이를 넣어주세요.

3_ 애플민트를 넣고 실온에서 2시간 or 냉장에서 3시간 정도 우린 후 과채류는 제거합니다. 냉장 보관하며 이틀 동안 마십니다.

베리베리 루꼴라 인퓨즈 워터 #라즈베리 #블루베리 #루꼴라

다양한 종류의 베리류를 넣어 색감도 예쁘고 맛도 좋습니다.

재료

라임 1/2개, 라즈베리 1/3컵, 블루베리 1/3컵, 루꼴라 1/4컵, 물 1L

How to make

1_ 라임은 얇게 슬라이스 하고 생 베리류가 없으면 냉동 베리류를 사용합니다.

2_ 유리병에 루꼴라를 넣고 물을 부은 후 과채류를 넣어 실온에서 2시간 or 냉장에서 3시간 정도 우린 후 마십니다.

헬로 네이처 인퓨즈 워터 #키위 #레몬 #크랜베리

키위는 바이러스나 세균 등이 못 들어 오도록 면역력을 강화해 주는 역할을 합니다.
아이가 아프지 않도록 미리미리 매일 하루 한두 개씩 먹으면 좋습니다.

재료

키위 1/2개, 레몬 1/2개, 크랜베리 1/4컵, 물 1L

1

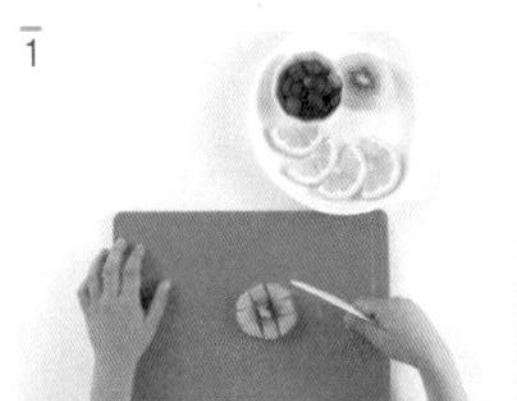

2

How to make

1_ 키위는 껍질을 제거하고 1×1 정사각형 모양으로 잘라주세요.

2_ 레몬은 깨끗이 씻어 슬라이스 합니다.

3_ 손질한 재료를 유리병에 담고 물을 부은 후 실온에서 3시간 or 냉장에서 2시간 정도 우린 후 과육은 제거합니다.

천연 발효 탄산음료 워터 케피어

유제품 알레르기가 있거나 시판되는 음료수 대신 우리 몸에 유익한 유산균을 함유한 워터 케피어를 마시면 좋습니다. 워터케피어는 당뇨 환자나 아이가 마시기에 좋은 "프로바이오틱 발효차"라고 볼 수 있습니다.
케피어는 발효음료로 콜리플라워를 닮은 효모와 유산균을 뜻합니다. 24시간 발효하면 입자 속 미생물들이 번식해 케피어로 변하고 이 속에서 당을 발효시킵니다. 이를 통해 입자가 액체에 의해 녹아들고 이는 잘 유지하면 평생 사용할 수 있고 케피어 음료를 만들 수 있습니다.

효능

- 면역체계 시스템 강화
- 장 건강
- 피로회복

워터 케피어 만드는 순서

재료

유기농 설탕 1/4컵, 물 1L, 워터 케피어 곡물

★ 워터케피어의 종균은 곡물이라고 부르고 이것은 실제 곡물이 아니라 효모와 다당류의 결합으로 생긴 것으로 작은 결정 또는 젤리와 같은 곡물처럼 보입니다. 워터케피어의 종균은 인터넷에 유산균을 판매하는 곳으로부터 분양 받을 수 있습니다.

How to make

① 유기농 설탕을 소량의 뜨거운 물에 녹인 후 유리병에 넣고 미온수로 채워 주세요.
② 물의 온도가 실온상태가 되면 ①에 워터 케피어 곡물을 첨가합니다.
③ ②를 면 보자기로 덮고 고무밴드로 단단히 고정하여 초파리나 개미의 유입을 막습니다.
④ 24~48시간 실온(20~25도)에서 발효합니다.

바닐라 향 워터 케피어

감미료만 넣어도 색다른 맛의 워터 케피어 음료를 만들 수 있습니다.
기호에 맞게 바닐라 에센스 또는 아가베 시럽을 첨가해 보세요.

재료

워터 케피어 200mL, 바닐라 에센스 1/4작은술, 아가베 시럽 1~2큰술

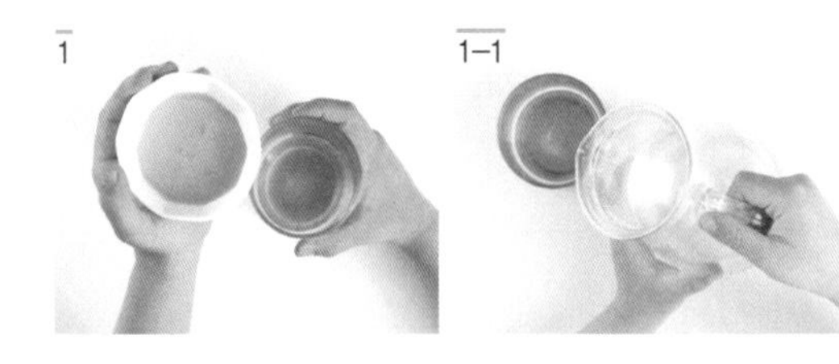

How to make

워터 케피어와 바닐라 에센스, 아가베 시럽을 넣은 후 재료들을 잘 섞어주세요.

시트러스 워터 케피어

오렌지, 자몽, 레몬, 라임 등 시트러스 유의 과일을 첨가하면 비타민C가 더욱 풍부해집니다.

재료

워터 케피어 300mL, 오렌지즙 1/4컵, 자몽즙 1/4컵, 레몬즙 1작은술

How to make

모든 재료를 잘 섞어주세요.

블루 라즈 워터 케피어

워터 케피어에 베리류를 첨가하면 색도 곱고 상큼한 맛이 배가 됩니다.

재료

워터 케피어 200mL, 물 1/4컵, 블루베리 1큰술, 라즈베리 1큰술, 아가베 시럽 1~2큰술, 허브류 조금(옵션)

1

How to make

1_ 워터 케피어와 물, 아가베 시럽을 잘 섞어주세요.

2_ 유리병에 블루베리, 라즈베리, 허브류를 넣고 1_을 부어 주세요.

오렌지 민트 워터 케피어

상큼한 오렌지와 향긋한 허브류를 넣어 이색적인 워터 케피어를 만들 수 있습니다.
어떤 재료를 사용하는지에 따라 다양한 맛과 색을 낼 수 있답니다.

재료

워터 케피어 200mL, 오렌지 주스 50mL, 다진 민트 조금

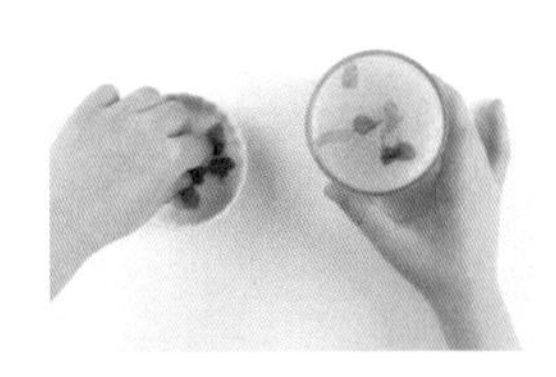

How to make

워터 케피어와 오렌지 주스를 잘 섞은 후 다진 민트를 올려 드세요.

So yumm

Part_4

수프

매직 펌킨 수프 #단호박 #당근 #고구마 #아보카도

호박을 사용하지 않았지만, 호박 맛이 나는 마법의 수프입니다.
생고구마는 항산화 성분이 뛰어나고 칼슘 성분이 다량 함유되어 치아와 뼈 건강에도 도움을 줍니다.
당근 오이 스틱처럼 생고구마도 스틱으로 섭취하면 좋습니다.

재료

당근즙 2컵, 고구마 1/2개, 아보카도 1/2개, 대추야자 2개, 시나몬 파우더 1/4작은술,
토핑 시나몬 파우더, 슬라이스 아몬드 조금

How to make

1_ 모든 재료를 손질 후 고속 블렌더를 사용해 갈아 주세요.
2_ 1을 그릇에 담고 시나몬 파우더와 슬라이스 아몬드로 장식해 주세요.

헬씨 키즈 수프 #케일 #토마토 #아보카도

평소 채소를 먹지 않은 아이라면 채소의 양을 조금씩 늘려 주는 것이 더욱 좋습니다.
수프를 만들고 남은 재료들로 물감 찍기나 다양한 퍼포먼스 활동을 하면
채소에 대한 거부감을 줄여줄 수 있습니다.

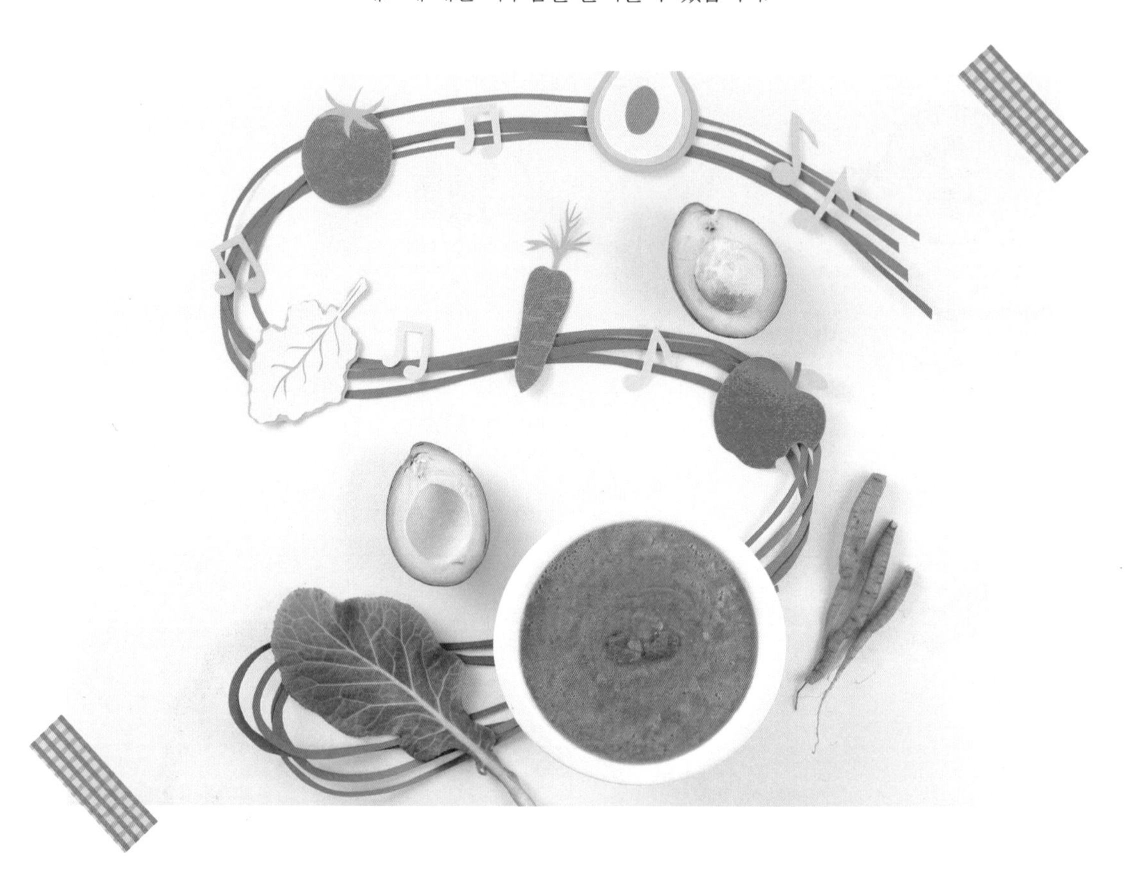

재료

케일 1줌, 사과 1개, 토마토 1/2개, 당근 1/3개, 아보카도 1/2개, 코코넛 워터 1컵
토핑 허브

1
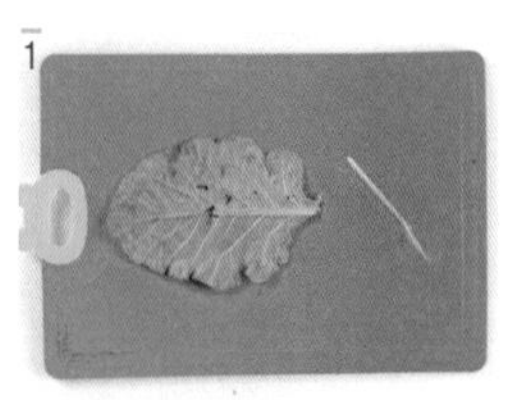

2
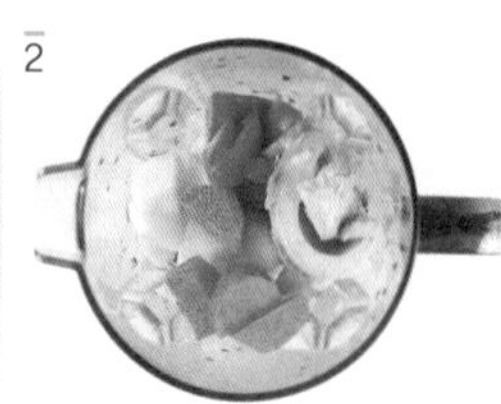

How to make

1_ 케일은 심을 제거 후 작게 잘라주세요.
2_ 모든 재료를 고속 블렌더를 사용해서 곱게 갈아 준 후 그릇에 담고 허브를 올려 마무리합니다.

아이 러브 유 수프 #토마토 #파프리카 #오이

채소, 과일 종류에 대해 알아보고 토마토는 무엇인지 퀴즈를 내어 아이들의 호기심을 높여 주세요.
토마토에 있는 비타민K가 칼슘이 빠져나가는 것을 막아줘서
성장기 어린이들에게는 꼭 먹어야 하는 필수 식품입니다.

재료

토마토 2개, 빨간 파프리카 1/2개, 오이 1/2개, 양파 1/3개,
레몬즙 1큰술, 천일염 조금, 후추 조금

How to make

1_ 모든 재료를 한 입 크기로 썰어주세요.

2_ 손질한 채소, 레몬즙, 천일염, 후추를 고속 블렌더에 넣고 곱게 갈아주세요.

3_ 그릇에 담아 원하는 채소를 토핑으로 올려주세요.

나 예뻐! 과일 수프 #사과 #배 #홍시

아이와 함께 마트에 가서 아이가 직접 과일을 고르고, 씻고 잘라보며
요리에 적극적으로 참여할 수 있도록 도와주세요.
평소 아이가 즐겨 먹는 과일을 수프 형태로 만들어 포만감을 느끼고
다양한 모양과 형태의 변화를 눈으로, 입으로 직접 보고 배울 수 있습니다.

재료

사과 1개, 배 1/2개, 홍시 1개(또는 곶감 2개), 레몬즙 2큰술, 아마씨 가루 2작은술

How to make

1_ 사과와 배는 한입 크기로 썰고 홍시(또는 곶감)는 씨를 제거하고 아마씨 가루를 넣어 주세요.

2_ 손질한 재료를 푸드프로세서로 갈아주세요. 너무 많이 갈지 않도록 주의합니다.

3_ 2에 레몬즙을 넣고 살짝만 갈아 준 후 그릇에 담고 아마씨를 뿌려 잘 섞어 드세요.

아임 리얼 콘수프 #옥수수 #아보카도

부드럽고 수분이 많아 아이들 간식으로 먹기 좋은 생옥수수!
처음 먹는 아이들은 아주 신기해하며 맛있게 먹는답니다.
먹고 남은 옥수숫대로 아이와 함께 집 안 청소를 하며
물건의 활용성에 관해 이야기 나누면 좋습니다.

재료

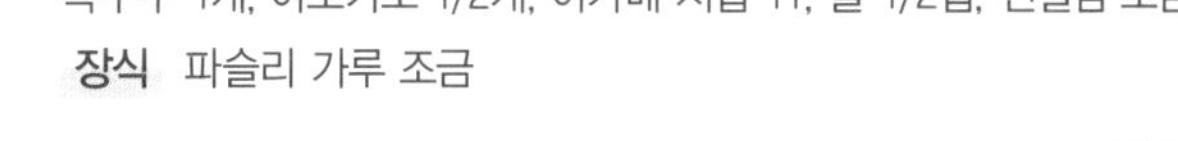

옥수수 1개, 아보카도 1/2개, 아가베 시럽 1T, 물 1/2컵, 천일염 조금

장식 파슬리 가루 조금

1

2

3

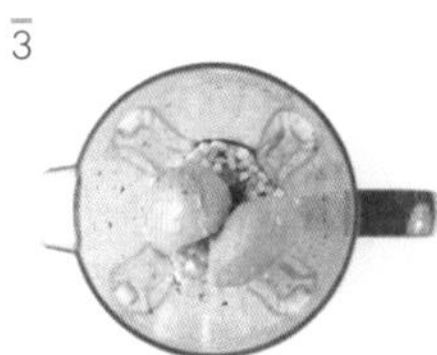

How to make

1_ 칼로 옥수수의 낱알을 잘라주세요.

2_ 아보카도를 반을 잘라 과육만 발라내 주세요.

3_ 모든 재료를 고속 블렌더에 넣고 부드럽게 갈아 주세요.

뽀글 뽀글 수프 #브로콜리 #아보카도

브로콜리는 식이섬유와 베타카로틴, 비타민C, 칼슘 함유량이 많아 아이들에게 아주 좋은 채소입니다. 비타민과 섬유질이 풍부하고 면역력을 키워줘 자주 먹으면 겨울철 걸리기 쉬운 감기도 예방할 수 있습니다.

재료

브로콜리 2컵, 아보카도 1/3개, 다진 파 1/2작은술, 다진 마늘 1/2작은술, 뉴트리셔널 이스트 1큰술, 아가베 시럽 1큰술, 레몬즙 1/4작은술, 천일염 1/4작은술, 물 1컵

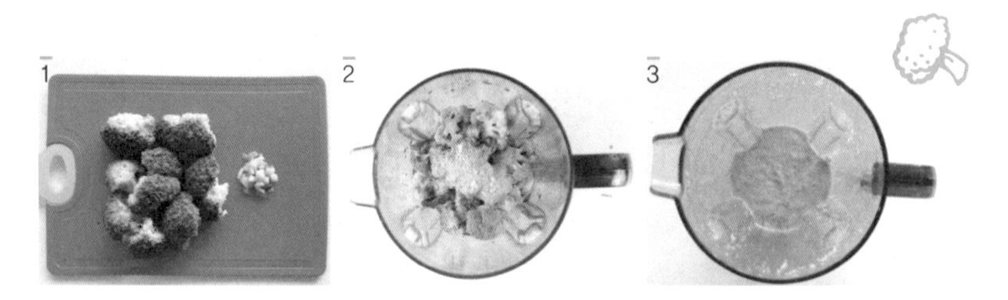

How to make

1_ 브로콜리는 분리해서 깨끗이 씻어주세요. 파는 깨끗이 씻어서 다져줍니다.

2_ 아보카도를 제외한 모든 재료를 고속 블렌더를 사용해서 갈아주세요.

3_ 아보카도를 넣어 크리미한 느낌이 될 때까지 갈아주세요.

4_ 그릇에 먹기 좋게 담은 후 아보카도를 토핑으로 올려주세요.

레드 블로썸 보울 #딸기 #대추야자 #비트

식욕을 돋워 주는 레드 컬러는 색상이 예뻐 아이들도 참 좋아합니다.
스스로 좋아하는 재료로 토핑해서 먹는 재미가 있습니다.

재료

딸기 1컵, 바나나 1개, 대추야자 2개, 비트 한 조각, 아몬드 밀크(p.55) 1컵, 레몬즙 1/2작은술

토핑 견과류, 베리류, 과일

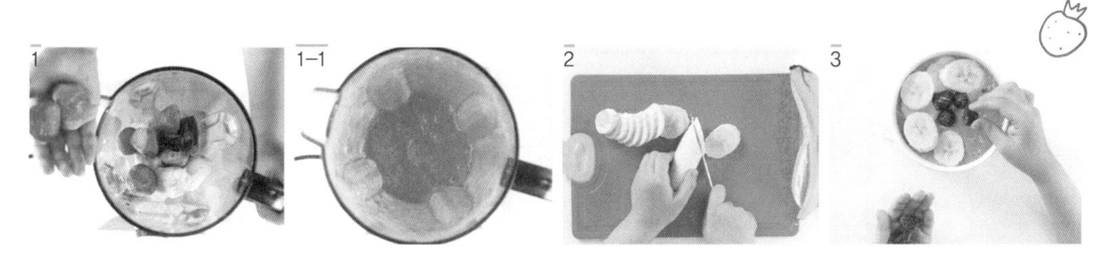

How to make

1_ 모든 재료를 손질 후 고속 블렌더를 사용해 갈아 주세요.

2_ 1을 볼에 담은 후 바나나를 얇게 잘라주세요.

3_ 잘라놓은 바나나, 과일 등 토핑 재료로 꾸며 주세요.

베리 굿 보울 #딸기 #라즈베리 #코코넛 #바나나

비타민과 섬유질, 식이섬유가 풍부하고 항산화 작용, 변비 예방, 혈액순환에 좋은 베리류는
진한 맛과 달콤한 맛이 이색적이랍니다.

재료

냉동딸기 1/2컵, 라즈베리 1/4컵, 바나나 1개, 사과즙 1/2컵, 비트즙 2큰술
코코넛 파우더 1/3컵, 물 1/4컵

토핑용 과일, 치아씨드, 슬라이스 아몬드, 코코넛 플레이크

1

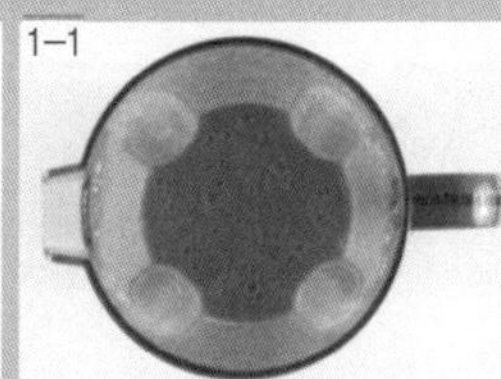

1–1

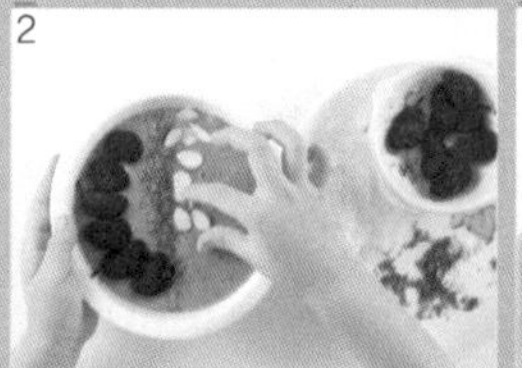

2

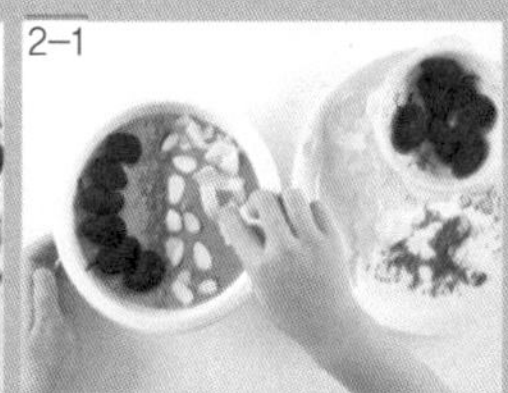

2–1

How to make

1_ 모든 재료를 고속 블렌더를 사용해 곱게 갈아주세요.

2_ 그릇에 담고 토핑용 재료를 올려주세요.

하와이언 스무디 보울 #파인애플 #망고

더운 여름날 시원하고 새달콤하게 맛볼 수 있는 스무디 보울.
아이들 건강 간식 또는 아이스크림 대용으로 아주 좋습니다.

재료

냉동 파인애플 1컵, 냉동 망고 1컵, 코코넛 밀크 1컵, 레몬 1/2개
물 1/3컵, 아가베 시럽 2큰술, 바닐라 에센스 2작은술, 천일염 조금
토핑용 망고, 파인애플, 치아씨드, 허브류

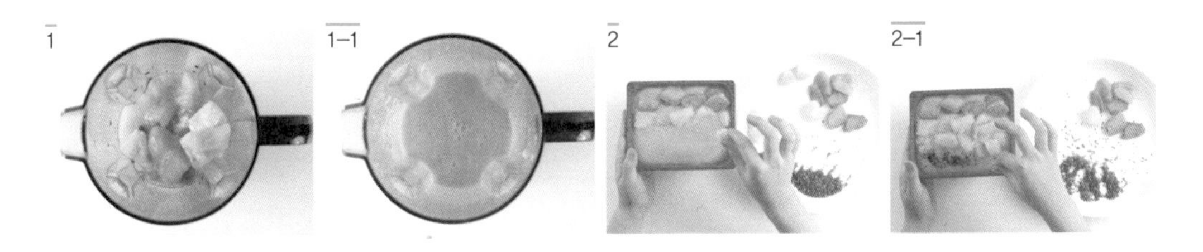

How to make

1_ 모든 재료를 고속 블렌더로 잘 섞이도록 갈아주세요.
2_ 그릇에 담고 토핑용 재료를 올립니다.

그린 파워 보울 #스피룰리나 #바나나 #파인애플

세계 10대 슈퍼푸드로 유명한 스피룰리나는 영양, 소화, 흡수율이 높아 아이들의 성장발육에 참 좋습니다! 바나나, 키위, 사과 등 신경을 안정시키고 긴장을 풀어 주는 진정 효과가 있어 섭취하면 밤에 잘 때 숙면에 도움을 줍니다.

재료

냉동 바나나 1/2개, 냉동 파인애플 1/2컵, 코코넛 밀크 1컵
레몬즙 1작은술, 스피룰리나 분말 1작은술
토핑 복분자, 블루베리, 코코넛 플레이크

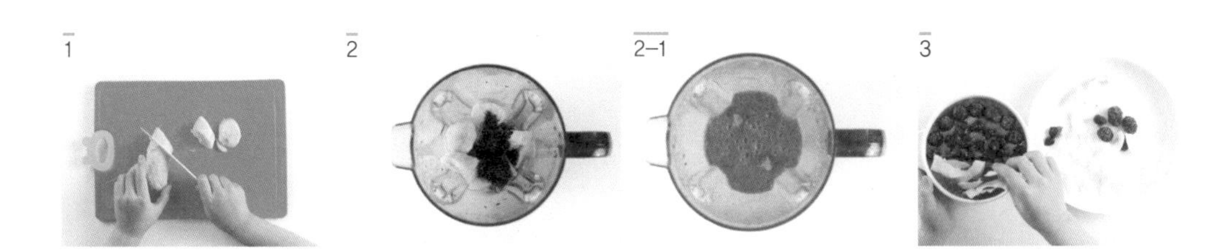

How to make

1_ 냉동 바나나를 작게 잘라주세요.
2_ 모든 재료를 넣고 고속 블렌더로 잘 섞이도록 갈아주세요.
3_ 그릇에 담고 토핑용 재료를 올립니다.

아임 유얼 에너지 보울 #케일 #바나나 #사과

식사대용으로 매일 먹어도 맛있는 기본적인 레시피입니다.
유아시기부터 거부감 없이 초록색 채소를 많이 접할 수 있도록 자주 노출 시켜 주세요.
케일은 눈과 뼈 건강에 좋은 성분이 있어 어릴 적부터 먹으면 더욱 좋습니다.

재료

즙케일 2장, 바나나 1개, 사과 1/2개, 아보카도 1/2개, 아몬드 밀크(p.55) 1컵

토핑 블루베리, 크랜베리, 치아씨드, 슬라이스 아몬드

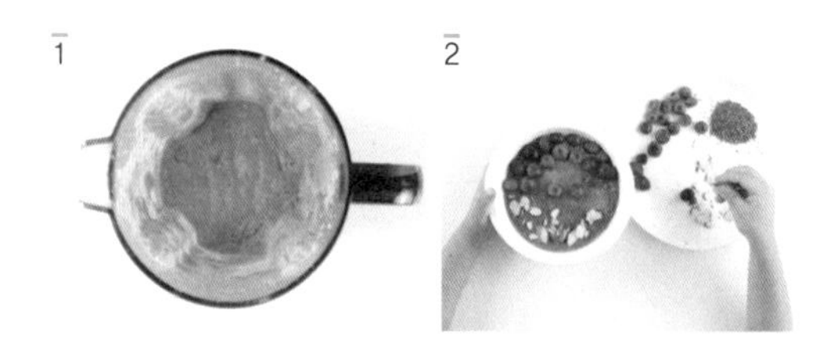

How to make

1_ 모든 재료를 손질 후 고속 블렌더를 사용해 갈아 주세요.

2_ 그릇에 담고 기호에 맞게 토핑 재료를 올립니다.

3_ 원하는 디자인으로 꾸며 주세요.

yummy
yummy

드래곤 후르츠 보울 #용과 #키위 #바나나

비타민과 항산화 물질이 풍부하고 혈액순환을 원활하게 도와주는 용과는
스무디나 보울로 먹으면 더 많이 더 맛있게 맛볼 수 있습니다.
과육이 부드럽고 입안에서 톡톡 씹히는 씨앗의 식감이 너무 재밌답니다!

재료

용과 1개, 키위 1개, 바나나 1개, 블루베리 조금, 스피룰리나 가루 1작은술, 코코넛 밀크 1컵

토핑 민트 조금

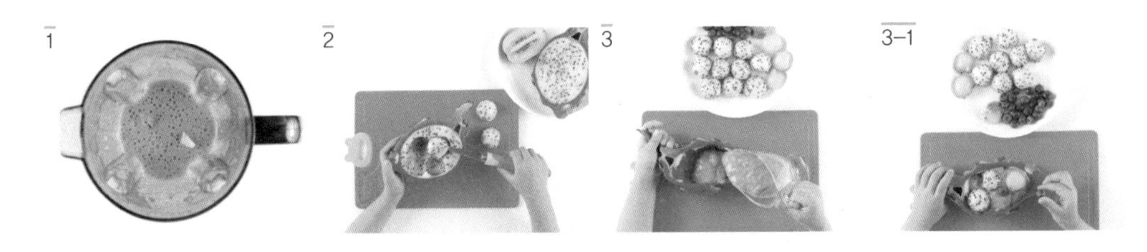

How to make

1_ 바나나와 스피룰리나 가루, 코코넛 밀크를 고속 블렌더에 넣고 갈아 주세요.

2_ 용과와 키위는 화채 스푼으로 동그랗게 파주세요.

3_ 용과 껍질에 1을 담아 준 후 과일을 올려주세요.

호랑이도 좋아하는 홍시 스무디 보울 #홍시 #아몬드

갈증과 소화 해소에 좋은 홍시는 천연비타민이라고 해도 좋을 만큼 면역력을 높여 주고 환절기 감기 예방에 탁월합니다.

재료

홍시 2개, 아몬드 밀크(p.55) 1컵

토핑 홍시 1개, 치아씨드, 슬라이스 아몬드

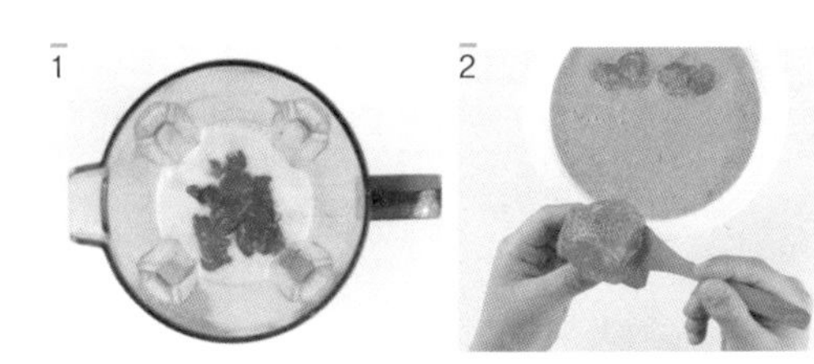

How to make

1_ 껍질을 벗긴 홍시 1개와 아몬드 밀크를 넣고 고속 블렌더로 잘 섞이도록 갈아주세요.

2_ 1을 그릇에 담고 남은 감 1개와 토핑용 재료를 올립니다.

+So@Delicious!!+

Part_5

샐러드 브런치

컬러 파워 샐러드 #양상추 #케일 #적양배추

피토케미컬이 함유된 성분은 빨강, 주황, 노랑, 초록, 보라, 흰색, 검정 7가지로 구분되며
색깔별 효능을 가지고 있습니다. 미네랄이 풍부하고 항산화 작용을 하며 면역력 증진에 도움을 줍니다.

재료

양상추 1줌, 케일 1줌, 당근 1/3개, 적양배추 1/3컵, 빨간 파프리카 1/3개, 방울토마토 4개, 표고버섯 2개

토핑 다진 호두 2큰술

드레싱 레몬즙 2~3큰술 천일염, 고춧가루 조금(옵션)

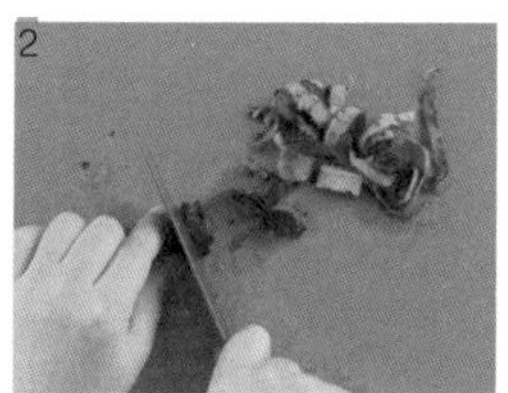

How to make

1_ 레몬즙에 천일염과 후추를 넣고 섞어주세요.

2_ 케일은 돌돌 말아서 채 썰고, 나머지 채소들도 채 썰어 준비합니다.

3_ 방울토마토와 표고버섯을 슬라이스 한 후 모든 채소를 보울에 담고 드레싱과 다진 호두를 뿌려줍니다.

엔젤 누들 샐러드 #애호박 #당근 #방울토마토

채소를 얇게 면으로 만들어 샐러드를 만들어 보세요.
아이가 스스로 직접 만들면 자기 주도적 식습관을 길러줄 수 있습니다.

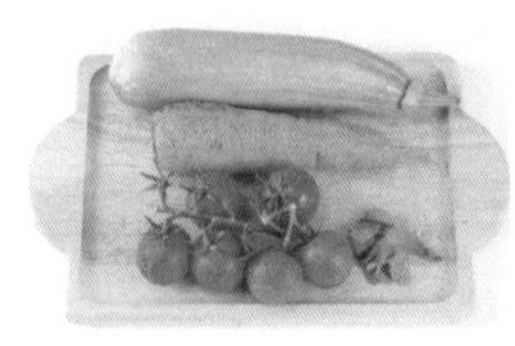

재료

애호박 1/2개, 당근 1/2개, 방울토마토 5개, 민트 1큰술

드레싱 간장 2작은술, 레몬즙 2큰술, 아가베시럽 1작은술

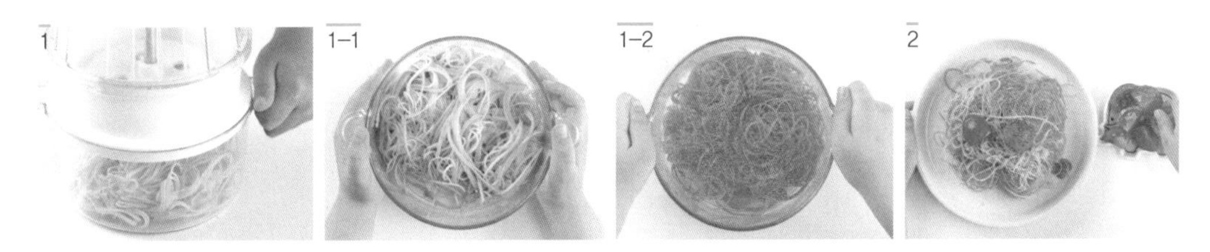

How to make

1_ 스파이럴 슬라이서를 사용해서 애호박면과 당근면을 만듭니다.

2_ 방울토마토는 반으로 잘라 준 후에 면 위에 올려줍니다.

3_ 드레싱 재료를 볼에 담고 잘 섞어서 채소면 위에 부어 주세요.

헬씨 유 샐러드 #콜리플라워 #브로콜리 #참깨

콜리플라워는 비타민C가 풍부하고 칼로리는 낮으며
면역력과 식이섬유가 풍부해 영양학적으로 훌륭한 채소입니다.

재료

브로콜리 1컵, 콜리플라워 1컵, 빨간 파프리카 1개, 건조 크랜베리 1/4컵, 검은깨 약간

타히니 드레싱 참깨 1/2컵, 올리브 오일 1큰술, 아가베 시럽 1큰술, 레몬즙 1큰술, 다진 마늘 1/2큰술, 물 1/3컵

1
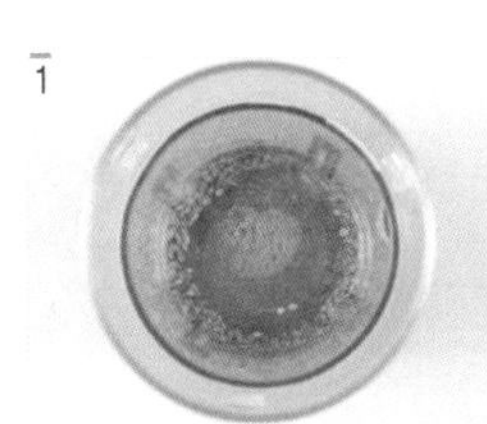

2

3

4

How to make

1_ 드레싱 재료는 고속 블렌더를 사용해 곱게 갈아주세요.

2_ 파프리카는 1cm 정사각형 모양으로 잘라주고 브로콜리와 콜리플라워는 줄기는 제거하고 윗부분만 사용합니다.

3_ 모든 재료를 그릇에 담고 드레싱으로 버무립니다.

4_ 검은 깨를 뿌려 장식해 주세요.

러블리 플라워 샐러드 #로메인 #오렌지 #래디시

오렌지의 상큼함과 식용 꽃, 래디시 등의 재료를 사용해 예쁜 샐러드를 만들어 보세요.
알록달록 새콤달콤 보기에 좋은 만큼 맛도 배가 될 거예요.

재료

로메인 1줌, 오렌지 1개, 래디시 2개, 식용 꽃

드레싱 오렌지즙 1/4컵, 레몬즙 3큰술, 올리브 오일 2큰술, 천일염, 후추 조금

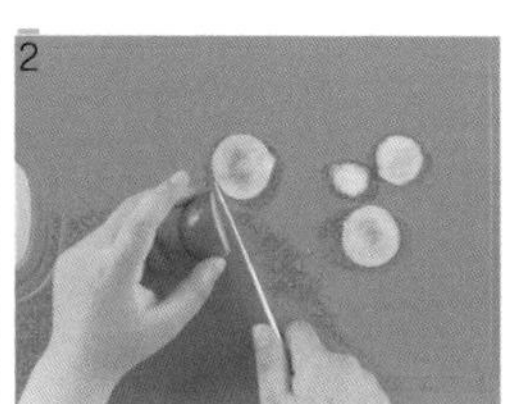

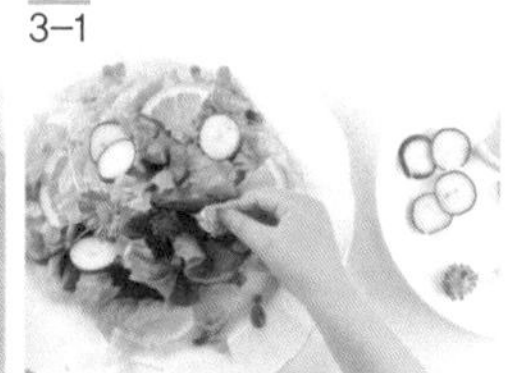

How to make

1_ 드레싱 재료를 섞어 주고, 오렌지는 껍질을 벗기고 과육만 도려냅니다.

2_ 래디시는 얇게 채 썰어주세요.

3_ 로메인은 먹기 좋은 크기로 잘라준 후 손질한 채소와 식용 꽃을 그릇에 담고 드레싱을 부어 주세요.

싱싱! 마요 샐러드 #사과 #당근 #아보카도

마요네즈에 버무려 먹던 '사라다' 과일 샐러드를 건강한 로푸드 스타일로 만들 수 있습니다.
맛과 모양은 '사라다' 과일 샐러드와 비슷하지만 건강한 식재료만을 사용해서 만듭니다.

재료

사과 1/2개, 당근 1/2개, 복숭아 1/2개, 오이 1/2개
드레싱 아보카도 2큰술, 아몬드 밀크(p.55) 1/2컵, 올리브 오일 1/2컵, 식초 1큰술, 천일염 조금

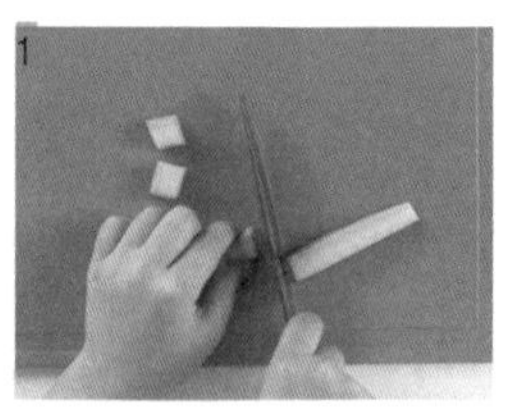
1

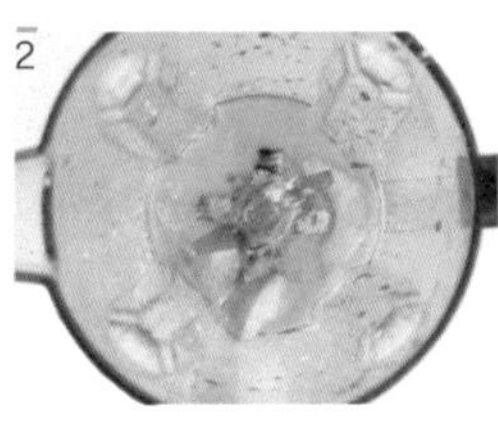
2

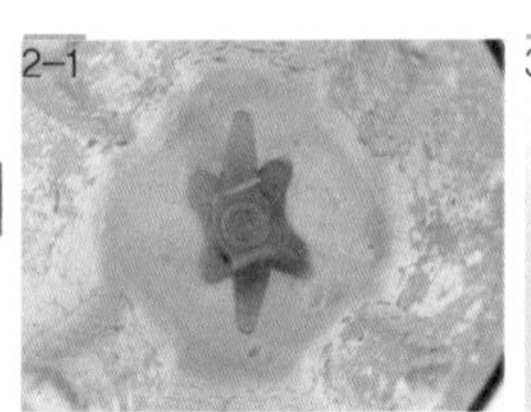
2-1

3

How to make

1_ 과일과 채소를 1cm의 정사각형 모양으로 썰어주세요.

2_ 드레싱 재료를 고속 블렌더를 사용해 갈아주세요.

3_ 손질한 채소에 드레싱을 붓고 버무려 주세요.

사각 사각! 해피 샐러드 #비트 #사과

빨간무라고 불리는 비트는 철분이 풍부하고 골격 형성 및 유아 발육에 효과가 있습니다. 색상도 예뻐서 아이들이 좋아한답니다.

재료

사과 1개, 비트 1/2개, 다진 바질 조금

드레싱 레몬즙 1작은술, 천일염 조금

How to make

1_ 사과와 비트는 채 썰어 준비합니다.

2_ 1에 드레싱을 넣고 잘 버무려 주세요.

3_ 바질을 잘게 다져서 뿌려주세요.

새콤달콤 아삭 피클 #적양배추 #당근 #비트

만들기 쉽고 합성첨가물이 없으며 열처리를 하지 않아 효소가 살아있는 영양 가득한 채소 피클입니다.

재료

당근, 적양배추, 양파, 비트 등 다양한 채소, 천일염 조금

절임 물 사과 식초 1/2컵, 아가베 시럽 2큰술, 천일염 조금, 후추 조금, 피클 시즈닝 (옵션)

1

2

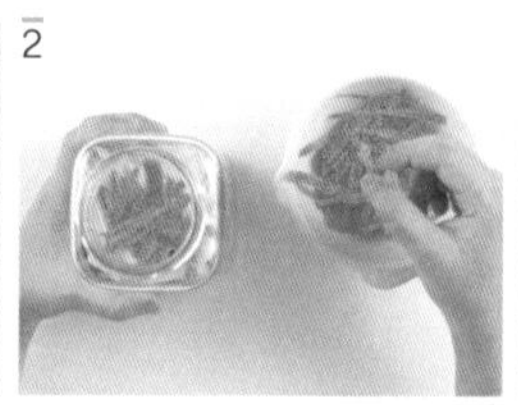

3

4

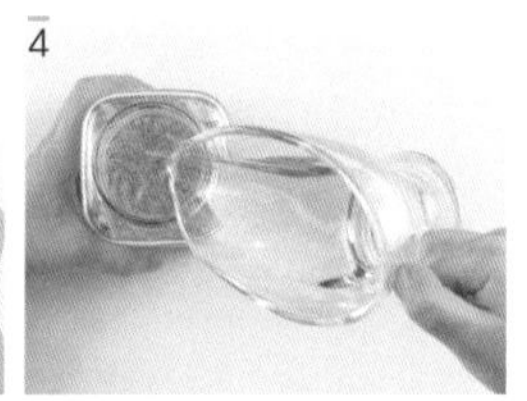

How to make

1_ 모든 채소는 깨끗이 세척 후 채 썰어 준비합니다.

2_ 손질한 채소에 천일염을 뿌려 10분 동안 절인 후 물기를 제거하고 소독한 유리병에 담아 주세요.

3_ 절임 물을 볼에 담고 잘 섞어 준 다음

4_ 2에 붓고 실온에서 반나절 동안 숙성 후 냉장 보관합니다.

내가 만든 핑거푸드, 스터프드 머쉬룸 #아보카도#토마토 #양송이버섯

생 양송이버섯을 간장에 버무려 아보카도로 만든 과콰몰리와 함께 맛보세요.
다양한 식재료로 창의성을 표현하고 입에서 사르르 녹는 미각을 느낄 수 있습니다.

재료

과콰몰리 아보카도 1개, 양파 1/4개, 토마토 1/2개, 레몬즙 1큰술, 천일염 조금, 고수 조금(옵션), 양송이버섯 6개, 간장

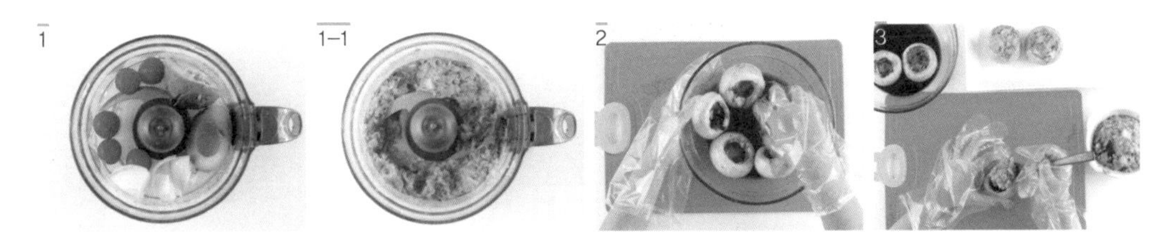

How to make

1_ 과콰몰리 재료를 푸드프로세서에 넣고 갈아 주세요.

2_ 양송이버섯은 꼭지를 제거하고 간장에 15분간 절여둡니다.

3_ 양송이 버섯 위에 1을 한 숟가락 떠서 넣어주세요.

길죽 길죽! 채소꼬치 샐러드 #표고버섯 #파프리카 #파인애플

다양한 채소를 꼬치에 꽂아주며 같은 색상, 모양, 패턴, 순서, 배열 등으로
규칙적인 수 개념을 이해할 수 있습니다.
다양한 채소를 추가해서 더욱 풍성하게 만들어도 좋습니다.
꼬치에 앞부분이 뾰족하므로 가위로 살짝 잘라 준비해 주면 좋습니다.

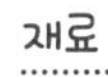

표고버섯 4개, 파프리카 1개, 브로콜리 2컵, 양배추 2컵, 당근 1/2개, 양파 1/2개, 숙주나물 1줌, 파인애플 2컵, 데리야키 소스, 검은깨

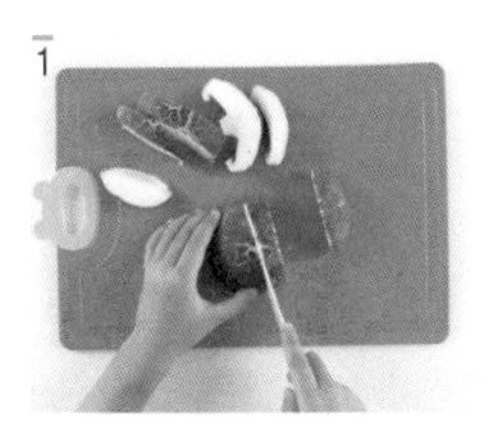
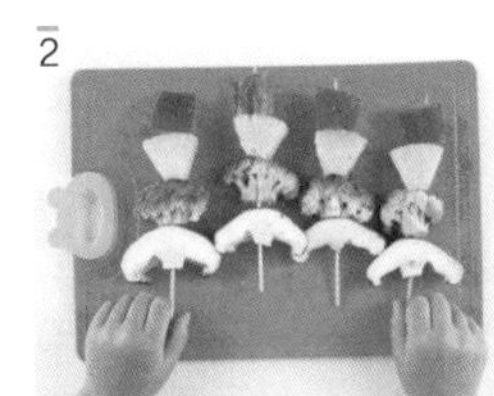

How to make

1_ 표고버섯은 얇게 잘라주고, 브로콜리는 줄기를 제거 후 송이 부분만 사용하고, 파프리카는 꼭지와 씨앗을 제거하고 파인애플과 함께 2cm 직사각형 모양으로 썰어주세요.

2_ 손질한 브로콜리, 파프리카, 표고버섯은 꼬치에 끼우고 데리야키 소스를 발라준 후 46℃ 온도의 건조기에서 6시간 정도 건조합니다.

3_ 숙주는 깨끗이 세척 후 물기를 제거하고 양배추, 당근, 양파는 채 썰어 준비해주세요.

4_ 손질한 채소를 접시에 담고 데리야키 소스를 부어 잘 버무려 준 후 건조한 꼬치 채소를 올리고 검은깨를 뿌려 마무리합니다.

굿바이! 감기 샐러드 #시금치 #배 #크랜베리

샐러드에 과일을 사용하면 특별한 드레싱이 없어도 충분히 단맛을 낼 수 있습니다.
기침, 가래 등 기관지에 좋은 배를 얇게 썰어 엽산이 풍부한 시금치와 함께
아삭한 식감의 맛있는 샐러드를 즐길 수 있습니다.

재료

시금치 2컵, 배 1/2개, 양파 1/3개, 불린 피칸 2큰술, 건조 크랜베리 1/4컵
드레싱 올리브 오일 1/2컵, 발사믹 식초 3큰술, 아가베 시럽 3큰술,
시나몬 가루 조금, 천일염 조금

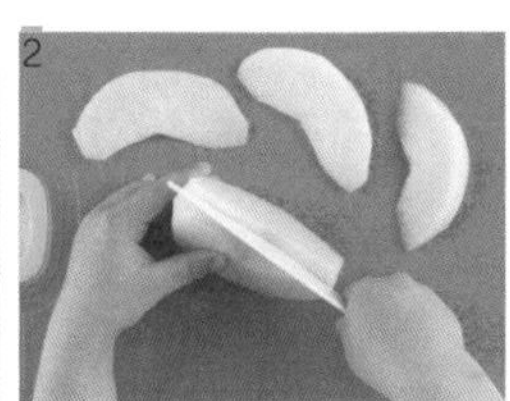

How to make

1_ 시금치는 줄기를 제거하고 잎 부분만 사용해요.
2_ 배와 양파는 얇게 썰어주세요.
3_ 피칸은 잘게 다집니다.
4_ 볼에 손질한 재료를 담고 드레싱을 부어 잘 섞어주세요.

마이 러브 샐러드 #무화과 #래디시 #로메인

복주머니 모양의 무화과는 펙틴이 풍부해서 변비에 좋고 소화를 하는 데 도움을 줍니다.
항암작용과 비타민이 풍부하며 과육이 쉽게 무르기 때문에
말리거나 껍질을 벗겨 냉동 보관하면 두고두고 오래 먹을 수 있습니다.

재료

무화과 3개, 오디 1/3컵, 래디시 2~3개, 로메인 2컵, 다진 호두 2큰술

드레싱 발사믹 식초 3큰술, 올리브 오일 3큰술, 레몬즙 1큰술, 아가베 시럽 1큰술, 다진 마늘 1작은술, 다진 양파 2작은술, 파슬리 가루 조금, 천일염 조금

1

2
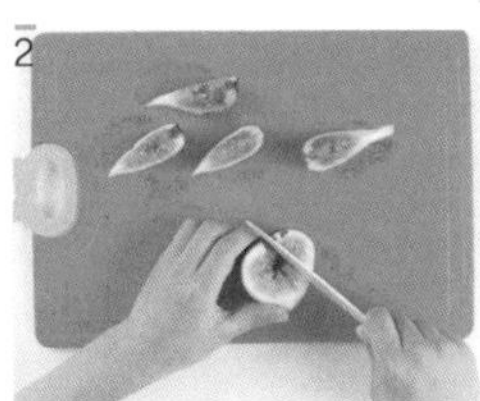

3

4

How to make

1_ 드레싱 재료는 볼에 담고 잘 섞어주세요.

2_ 무화과는 꼭지 부분을 잘라 낸 다음 4등분 하여 잘라주세요.

3_ 래디시는 얇게 썰어주고 로메인은 한입 크기로 잘라주세요.

4_ 손질한 재료를 그릇에 담고 드레싱 재료를 뿌립니다.

++fresh++

가을 천연보약! 가을 단감 샐러드 #단감 #치커리 #크랜베리

가을 제철 과일인 단감은 항암효과가 뛰어나고 비타민C가 많아 감기 예방에 좋습니다.
먹고 남은 씨앗으로 과녁판을 그린 후 씨앗을 던져보는 게임을 하면 더욱 재밌답니다.

재료

단감 3개, 치커리 1줌, 건 크랜베리 1큰술, 적양배추 1/2컵

드레싱 곶감 1개, 올리브 오일 3큰술, 식초 3큰술, 아가베 시럽 1큰술, 바질 조금, 천일염 조금

How to make

1_ 드레싱 재료를 고속 블렌더를 사용해서 곱게 갈아주세요.

2_ 치커리는 한입 크기로 잘라주세요.

3_ 단감은 껍질과 씨앗을 제거하고 한입 크기로 잘라주세요.

4_ 손질한 채소를 그릇에 담고 드레싱 재료를 부어 주세요.

귀여워! 상큼해! 애플 샌드위치 #사과 #바나나 #로메인

기본 과채류에 아몬드 버터를 첨가해 특별한 요리를 만들 수 있습니다.
순서를 반복하며 규칙도 배워보세요.

재료

사과 2개, 바나나 1개, 로메인 1줌, 아몬드 버터 2큰술

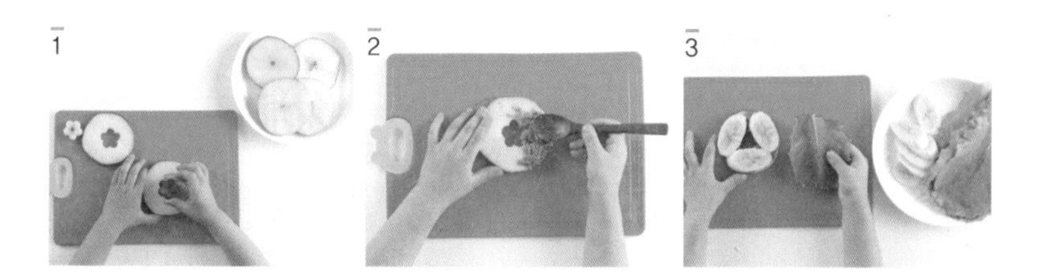

How to make

1_ 모양틀을 이용해 슬라이스한 사과 가운데 부분을 제거해 주고, 바나나는 슬라이스 해주세요.

2_ 사과의 한쪽 면에 아몬드 버터를 발라주세요.

3_ 사과–아몬드 버터–바나나–로메인 순으로 2~3번 반복합니다.

@@HAPPY@@

Part_6

메인요리

연두빛 라자냐 #애호박 #피칸 #캐슈

얇게 썬 애호박 사이에 건강한 로푸드 소스를 채워 넣은 이색적인 파스타입니다.
건강도 맛도 둘 다 챙기세요.

재료

애호박 1.1/2개, 불린 피칸 1/4컵, 천일염, 후추 조금,
토마토 소스, 캐슈넛 마요소스, 깻잎 페스토 소스
토핑 다진 피칸(옵션)

1

1-1

1-2

How to make

1_ 애호박은 얇게 직사각형 모양으로 썰어 접시에 올려주고 애호박-토마토 소스-애호박-캐슈너트 마요소스-애호박-깻잎 페스토 소스를 순서대로 얇게 발라주세요.
2_ 1을 세 번 정도 반복한 후 마지막으로 맨 위에 다진 피칸을 뿌려줍니다.

토토 사우르스 스파게티 #애호박 #토마토 #대추야자

생으로 먹는 애호박이 아이들의 호기심을 자극해 흥미를 유발합니다.
불을 사용하지 않아 기다리는 시간 없이 바로 먹을 수 있으며,
신선한 제철 채소는 값비싼 보약보다 우리 몸에 더욱 좋습니다.

재료

애호박 1개

토마토 소스 토마토 1개, 양파 1/8개, 토마토 가루 1/2컵, 대추야자 3~4개, 메이플 시럽 1큰술, 다진 마늘 1작은술, 올리브유 2작은술, 천일염 조금(크랜베리 1/2컵 추가 가능)

장식 블랙 올리브 2개, 생바질 또는 민트 2장

1

2
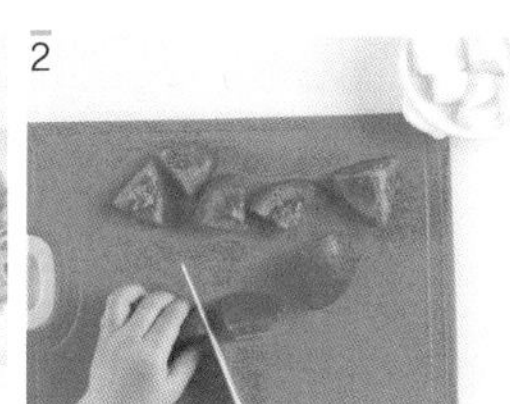

3

3–1
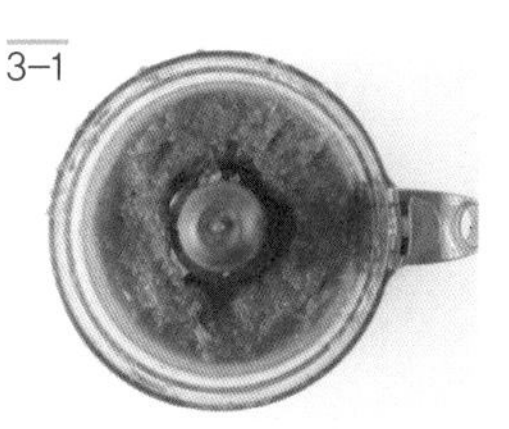

How to make

1_ 회전채칼(스파이럴)을 사용해서 애호박면을 만들어 주세요.

2_ 토마토와 양파를 작게 잘라주세요.

3_ 푸드프로세서에 나머지 재료를 넣고 갈아주세요.

4_ 1 위에 소스를 올리고 애호박 수분이 나오기 전에 빨리 먹도록 합니다.

알프레도 크림 파스타 #애호박 #캐슈 #표고버섯

가공하지 않은 식물성 재료를 사용하여 만든 진한 캐슈너트 크림소스가 애호박과 잘 어울려
생으로도 거부감 없이 먹을 수 있습니다.

재료

애호박 1개, 표고버섯 1컵, 간장 1/2컵

소스 불린 캐슈 1/2컵, 잣 1/2컵, 레몬즙 1큰술, 마늘 1~2큰술, 간장 1작은술, 올리브 오일 2작은술, 코코넛 밀크 1/4컵, 아몬드 밀크(p.55) 1/4컵

1
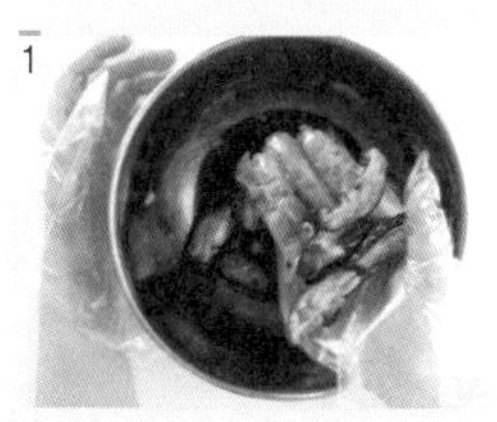

2
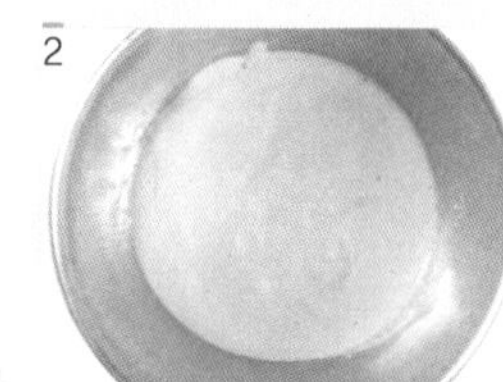

3

4

How to make

1_ 버섯은 간장에 15~20분 정도 절입니다.

2_ 소스 재료는 고속 블렌더를 사용해서 곱게 갈아주세요.

3_ 애호박은 채칼을 사용해 잘라준 후 2에 넣어주세요.

4_ 소스에 잘 버무려진 애호박을 접시에 담고 그 위에 간장 졸여진 버섯을 올려주세요.

Cream Pasta

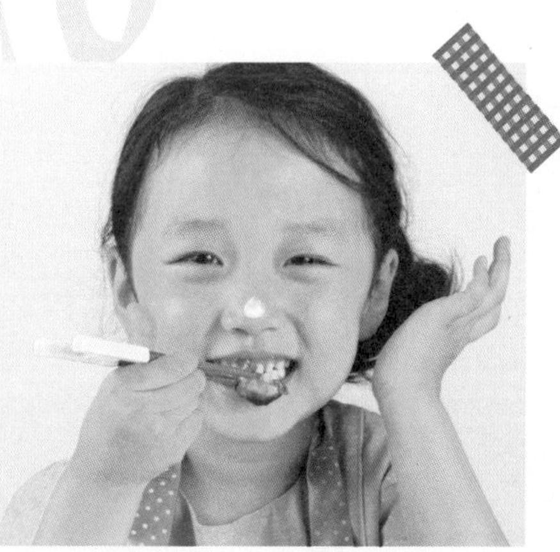

아삭아삭 로 잡채 #천사채 #파프리카 #시금치

불을 사용하지 않지만 맛있는 잡채를 만들 수 있는 마법 같은 요리입니다.
간장 소스와 채소가 어우러져 꼬들꼬들하게 씹히는 식감이 재미있는 천사채 잡채는
아이들에게 인기 좋은 메뉴랍니다.

재료

천사채 2컵, 빨간 파프리카 1/2개, 노란 파프리카 1/2개, 당근 1/2개
시금치 한 줌, 표고버섯 2개, 통깨 조금
양념 발효간장 3큰술, 아가베 시럽 2큰술, 다진 마늘 1작은술, 참기름 1큰술

1

2
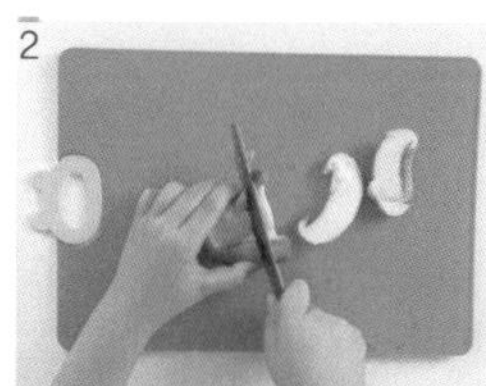
3

4

How to make

1_ 시금치를 깨끗이 씻어 물기를 뺀 후 줄기를 떼어 내 잎만 준비해주고, 천사채는 찬물에 씻어 물기를 뺀 뒤 먹기 좋게 썰어 준비해주세요.
2_ 표고버섯은 얇게 썰어주세요.
3_ 파프리카는 얇게 채 썰고 당근은 회전 채칼로 면을 뽑아 주세요.
4_ 모든 재료를 볼에 담고 양념을 넣어 골고루 섞은 후 깨를 뿌려주세요.

돌돌돌 말아 케일쌈 #케일 #파프리카 #당근

아이가 직접 물을 주며 채소 키우는 재미에 푹 빠지게 되면 채소를 친근하게 느끼고 거부감이 줄어듭니다. 쌈 쌀 때 자신이 키운 채소를 넣어 먹으면 더욱 좋습니다.

재료

쌈케일 10장, 빨간 파프리카 1/2개, 당근 1/3개, 적양배추 1/8개, 오이 1/2개, 무순 조금

아몬드 버터 소스 아몬드 1컵, 물 1/4컵, 레몬즙 1큰술, 다진 마늘 1작은술, 다진 생강 1작은술, 생발효간장 1큰술, 대추야자 3개, 천일염 조금

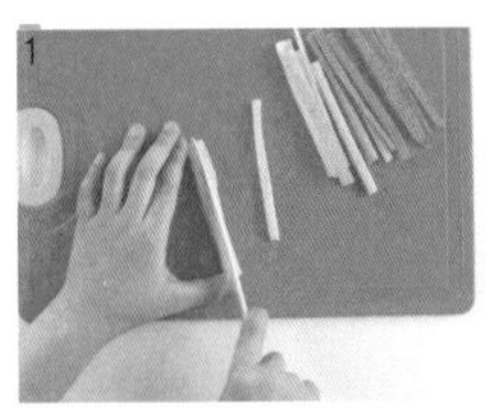
1

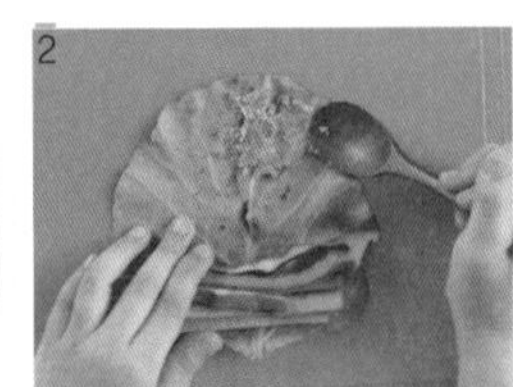
2

3

3-1

How to make

1_ 채소를 얇고 길게 채 썰어주고 아몬드 버터 소스를 푸드프로세서에 갈아서 준비해주세요.

2_ 줄기를 제거한 쌈케일에 아몬드 버터를 바르고 적당량의 채소를 올려주세요.

3_ 김밥 말듯 돌돌 말아 주세요.

한입에 쏘옥! 베지롤 #깻잎 #오이 #적양배추

평소에 채소를 싫어하는 아이라면, 가족이나 친구와 함께 색색의 알록달록한 채소로 놀이하듯 재밌게 만들어 보세요. 아이가 채소와 친해질 수 있는 계기가 됩니다.

재료

깻잎 7장, 당근 1/2개, 빨간 파프리카 1/2개, 오이 1/2개, 적양배추 1컵, 뭉크 소스

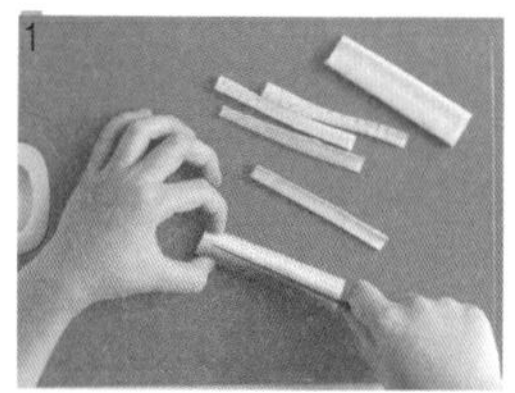

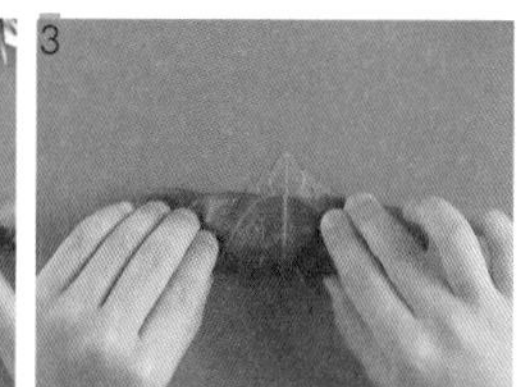

How to make

1_ 당근, 파프리카, 오이, 적양배추는 채 썰어서 준비합니다.

2_ 깻잎 뒷면에 뭉크 소스를 바르고 채소를 올려주세요.

3_ 깻잎을 돌돌 말아 주세요.

아임 낫 불고기 덮밥 #콜리플라워 #표고버섯 #파프리카

표고버섯을 사용해서 불고기 맛을 내고 효소가 살아있는 콜리플라워 라이스로 쌀밥 느낌을 연출해
불고기 덮밥 같은 맛을 낼 수 있습니다. 가열하지 않고 화학적 요소를 배제하지만,
일반 화식처럼 다양한 레시피를 만들 수 있답니다.

재료

빨간 파프리카 1/2개, 깻잎, 검은깨

양념장 간장 4큰술, 아가베 시럽 2큰술, 다진 마늘 1큰술, 참기름 1큰술, 천일염, 후추 조금

낫 불고기 표고버섯 1컵, 양파 1/2개

라이스 콜리플라워 1개, 참기름 조금, 천일염, 후추 조금

1

2
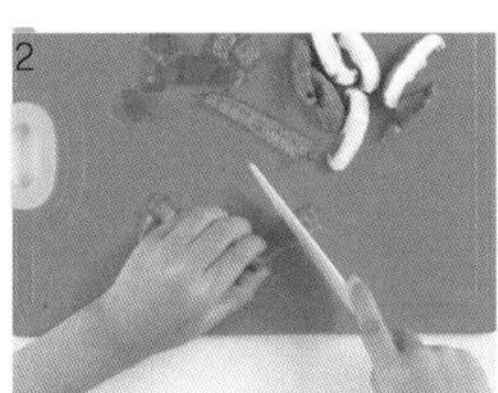
3

4

How to make

1_ 양념장 재료를 섞어주세요.

2_ 표고버섯과 양파는 슬라이스 하고 빨간 파프리카는 1cm 정사각형 모양으로 썰어주세요.

3_ 표고버섯과 양파는 양념장 재료에 10~15분 정도 절여둡니다.

4_ 콜리플라워를 푸드프로세서에 넣고 잘게 갈아준 후 참기름, 천일염, 후추를 넣고 잘 섞어주세요.

5_ 콜리플라워 라이스에 절여둔 표고버섯을 올리고 파프리카와 채썰어둔 깻잎, 검은깨를 올려 섞어서 드세요.

웰빙 피자 #표고버섯 #캐슈 #메밀

자연의 재료를 사용해서 로푸드 피자를 만들 수 있습니다.
시중에 판매하는 기름지고 칼로리 높은 피자와는 다른 건강한 피자를 드세요.

재료

피자도우 메밀 1/4컵, 불린 캐슈 1/2컵, 아마씨 1/2컵, 셀러리 1/2컵, 당근 1/2개, 천일염 1작은술, 물 1컵

피자소스 캐슈넛 마요소스, 데리야끼 소스, 표고버섯 1과 1/2컵, 양파 1/4컵

How to make

1_ 메밀, 아마씨는 각각 고속 블렌더에 넣고 가루로 만들어 주고 불린 캐슈는 푸드프로세서에 갈아서 준비해주세요.

2_ 1을 제외한 나머지 재료를 고속 블렌더에 넣고 퓌레 상태로 만들어 준 후 1과 함께 볼에 담고 골고루 섞어주세요.

3_ 테프론 시트를 깐 건조기 트레이에 2를 넓게 펴주고 46℃ 온도에서 3시간 건조 후 테프론 시트를 제거한 다음 5시간 이상 더 건조해 주세요.

4_ 표고버섯과 양파는 슬라이스 한 후 데리야키 소스를 부어 15분간 절여주세요.

5_ 건조된 피자도우에 캐슈넛 마요소스를 발라 주세요.

6_ 5 위에 절여둔 표고버섯과 양파를 올린 후 46℃ 온도의 건조기에서 1시간 정도 건조합니다.

깻잎 페스토 냠냠냠 누들 #애호박 #깻잎

애호박을 얇은 스파게티 면으로 만들어 먹으면, 야들야들한 식감과 맛이 살아있어서
일반 파스타 면보다 더욱 매력적이에요~
깻잎의 향과 맛이 면과 잘 어울려 자연의 맛을 느낄 수 있답니다~

재료

애호박 1개, 천일염, 후추 조금, 깻잎 페스토 소스

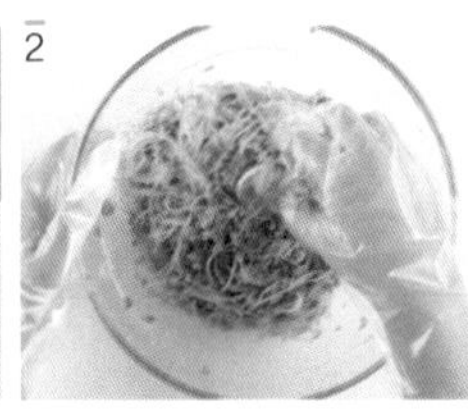

How to make

1_ 스파이럴 슬라이서로 면을 만든 후 천일염, 후추에 절여 주세요. (애호박의 녹색 부분이 없으면 더욱 면 같은 색감을 느낄 수 있습니다)

2_ 1에 깻잎 페스토 소스를 버무려 준 후 접시에 담아 주세요.

낫 튜나 파테 #로메인 #해바라기씨 #셀러리

파테(pate) 는 고기, 생선, 채소 등을 갈아서 만든 정통 프랑스 요리입니다.
참치가 들어가지 않지만, 참치 맛이 나는 신기한 레시피랍니다.
남는 파테는 샐러드 또는 야채 디핑 소스로 먹어도 아주 좋습니다.

재료

로메인, 새싹 조금

튜나 파테 불린 해바라기씨 3컵, 다진 셀러리 1컵, 다진 양파 1/2컵, 레몬즙 4큰술, 간장 1작은술, 물 1/2컵

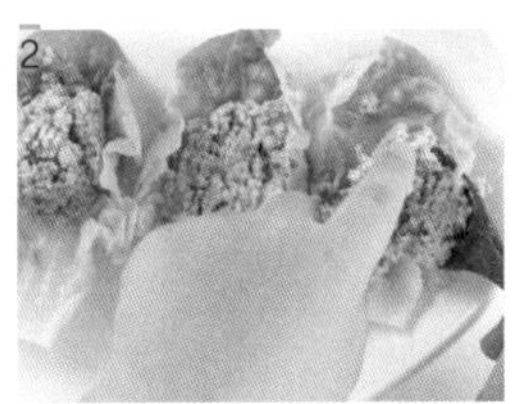

How to make

1_ 파테 재료를 푸드프로세서를 사용해서 갈아주세요. (양파랑 셀러리가 너무 많이 갈리지 않도록 합니다.)

2_ 완성된 튜나 파테를 깨끗이 씻어 물기를 뺀 로메인 위에 올리고 새싹을 올려 쌈 싸듯 먹습니다.

치킨맛이 나요! 파테 김밥 #해바라기씨 #김 #캐슈넛

치킨이 들어가지 않지만 치킨 맛을 느낄 수 있습니다.
건강한 식재료로 직접 김밥을 돌돌~ 만들어서 가족들과 집 앞 공원에 소풍 가보면 어떨까요?

재료

당근 1/2개, 오이 1/2개, 파프리카 1/2개, 새싹 조금, 깻잎 5~10장, 김 5장, 캐슈넛 마요소스

낫 치킨 파테 불린 호두 1/2컵, 불린 해바라기씨 1/2컵, 애호박 1/2컵, 셀러리 1/2컵, 다진 파 1/2작은술, 레몬즙 1큰술, 천일염 조금

How to make

1_ 낫 치킨 파테 재료를 푸드프로세서를 사용해서 갈아주세요.

2_ 1을 캐슈넛 마요소스와 함께 잘 섞어주세요.

3_ 오이, 당근, 파프리카를 길게 잘라주세요.

4_ 김 위에 깻잎을 깔고 2를 올려주세요.

5_ 잘라놓은 채소를 가지런히 올려 김밥처럼 말아서 먹기 좋게 잘라서 드세요.

알록달록 화려한 카레 아보카도 볶음밥 #아보카도 #콜리플라워 #파프리카

완전식품으로 불리는 아보카도는 고소하고 영양 만점이어서 아이들 성장 발육에 도움이 됩니다.
바이러스에 저항력을 높여 주고 세포를 튼튼하게 해주며
항암 작용을 하는 콜리플라워와 함께 먹으면 더욱 좋습니다.

재료

아보카도 1/3개, 콜리플라워 1과 1/3컵, 당근 1/3개, 파프리카 1/3개, 애호박 1/3개, 양파 2큰술, 참기름 2작은술, 천일염, 후추 조금, 김 가루 조금

드레싱 카레 가루 2작은술, 간장 1작은술, 아가베 시럽 1작은술, 후추 조금

1
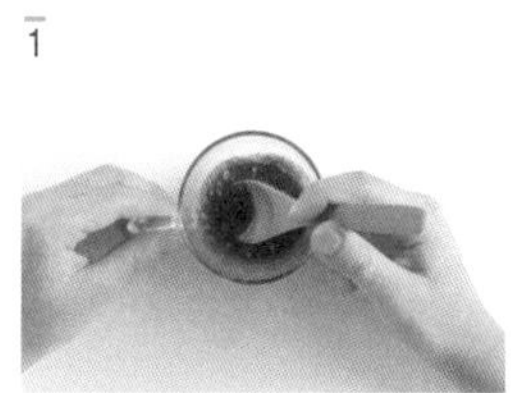

2
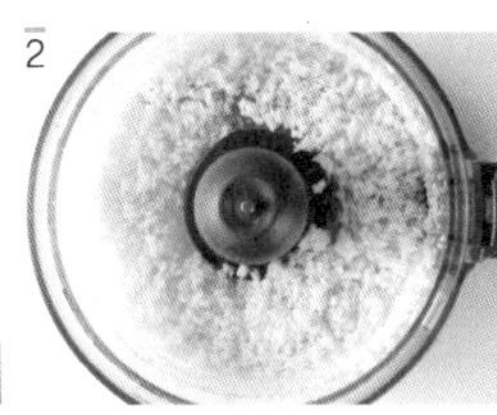

3
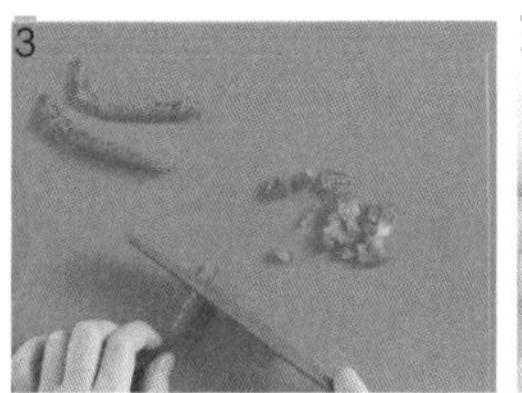

4

How to make

1_ 작은 볼에 드레싱 재료를 잘 섞어주세요.

2_ 푸드프로세서에 콜리플라워, 천일염, 후추를 넣고 알갱이가 보일 정도로 갈아주세요.

3_ 당근, 파프리카, 애호박, 양파는 1cm 정사각형 크기로 잘라주고 아보카도는 슬라이스 해주세요.

4_ 아보카도를 제외한 손질한 채소를 모두 그릇에 담고 드레싱을 부어 잘 섞어 준 후 아보카도를 올리고 김 가루를 뿌려 마무리합니다.

tip 70℃ 온도의 건조기에 30분 정도 건조해서 드시면 따뜻하게 드실 수 있습니다.

로푸드 버거버거 #토마토 #로메인 #호두

"토마토가 빨갛게 익으면 의사 얼굴이 파랗게 된다."라는 유럽 속담이 있듯,
토마토는 의사가 필요하지 않을 정도로 건강에 좋은 식품이라는 뜻이랍니다.
암을 예방하고 식이섬유가 풍부해 변비 예방에 좋은 토마토!
밀가루, 달걀, 버터 없이도 건강한 재료를 사용해서 로푸드 버거를 만들 수 있습니다.

재료

토마토 2개, 로메인 4장, 양파 1/2개, 새싹 한 줌, 토마토 소스, 데리야키 소스

버거 패티 고구마 1개, 당근 1/2개, 불린 호두 1컵, 아마씨 2작은술, 다진 마늘 2작은술, 간장 1큰술, 참기름 2큰술, 천일염, 후추 조금

1

2
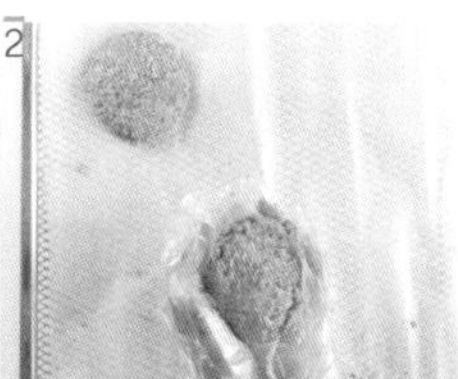

3
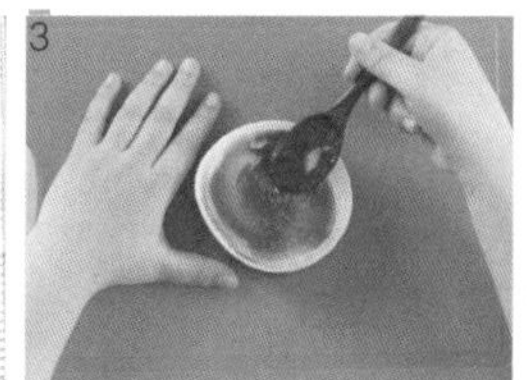

4

How to make

1_ 버거 패티 재료를 푸드프로세서에 넣어 갈아주세요. (너무 곱게 갈지 않도록 합니다.)

2_ 1의 반죽을 버거 패티 모양으로 빚은 후 46℃의 건조기에서 3~4시간 말리고 뒤집어서 3~4시간 더 말립니다.

3_ 토마토는 꼭지를 떼고 가로로 썰고 양파는 둥글게 썰어 찬물에 담가 매운 기를 빼준 후 토마토 소스를 발라 주세요.

4_ 토마토-양파-소스-패티-로메인-새싹-양파-소스-토마토 순서로 올려주세요.

@@Excellent!!@@

Part_7

디저트

달콤 촉촉! 호두 브라우니 #호두 #캐롭파우더 #대추야자

No 밀가루 NO 설탕 NO 유제품 NO 버터.
오븐 없이도 촉촉하고 쫀득한 식감의 브라우니를 쉽게 만들 수 있습니다.
너무 달지 않아 더 좋답니다.

재료

생 호두 2컵, 대추야자 1/2컵, 캐롭 파우더 5큰술, 아가베 시럽 1큰술,
바닐라 에센스 1작은술, 시나몬 가루 조금 (선택), 천일염 조금

How to make

1_ 8~12시간 물에 불린 후 물기를 건조한 호두를 푸드프로세서에 넣고 갈아 준 다음 나머지 재료를 다 넣고 서로 뭉쳐질 때까지 갈아 주세요.

2_ 네모난 통에 유산지를 깔고 반죽을 꾹꾹 눌러 주세요.

3_ 냉장 또는 냉동실에 30분 정도 숙성시켜 준 뒤, 먹기 좋은 크기로 잘라주세요.

달콤 케일칩 #케일 #코코넛플레이크 #아가베시럽

평소 과자나 군것질을 좋아하는 아이라면 항산화 성분이 가득한 케일칩을 간식으로 먹으면 좋습니다.

재료

쌈케일 10장, 아가베 시럽 2큰술, 레몬즙 1작은술, 천일염, 후추 조금, 코코넛 플레이크 1/3컵, 파슬리 가루 조금

1

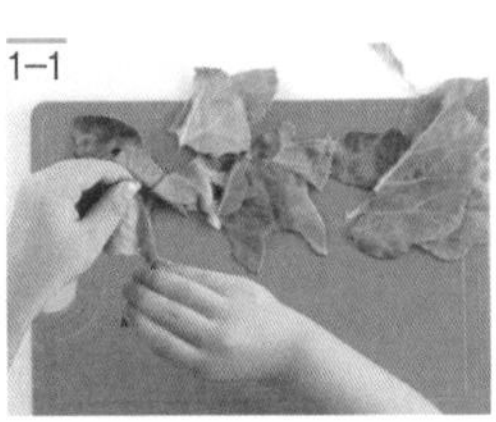
1-1

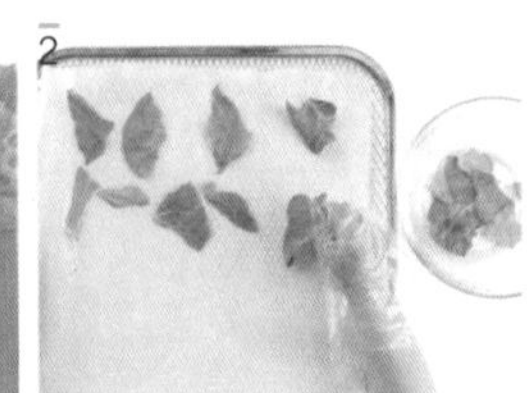
2

3

How to make

1_ 케일은 줄기를 제거하고 잎은 손으로 찢어 주세요.

2_ 손질한 케일에 아가베 시럽, 레몬즙, 천일염을 넣고 버무려 준 후 건조기 트레이에 올려주세요.

3_ 코코넛 플레이크와 파슬리 가루를 뿌려준 후 46℃ 온도에서 15시간 정도 바싹 건조합니다.

토마토 친구, 칩! #토마토 #케일 #바질

토마토는 항암 작용과 성장기 어린이에게 좋은 채소입니다.
토마토 소스를 케일칩에 버무려 이색적인 케일칩을 만들어 보세요.

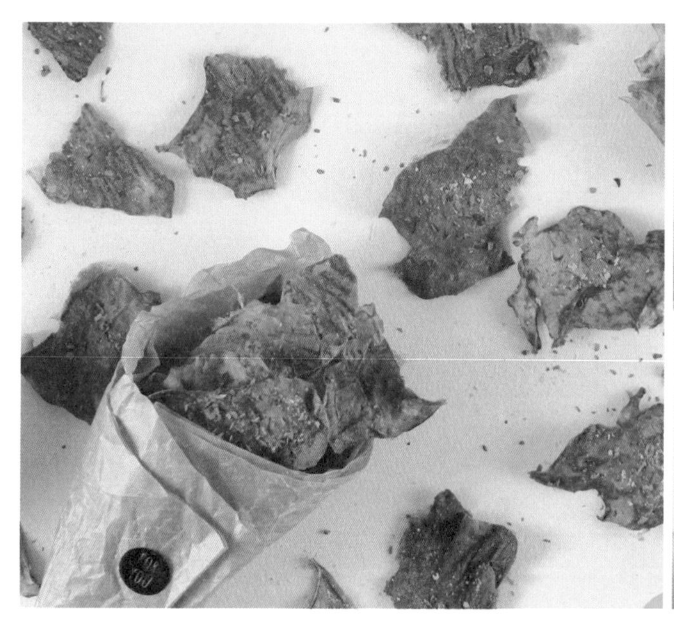

재료

쌈케일 5장, 토마토 1개, 토마토 가루 2큰술, 다진 마늘 2작은술, 건조 바질 1큰술, 레몬즙 1큰술, 파슬리 가루 조금, 뉴트리셔널 이스트 1/4컵

1

2
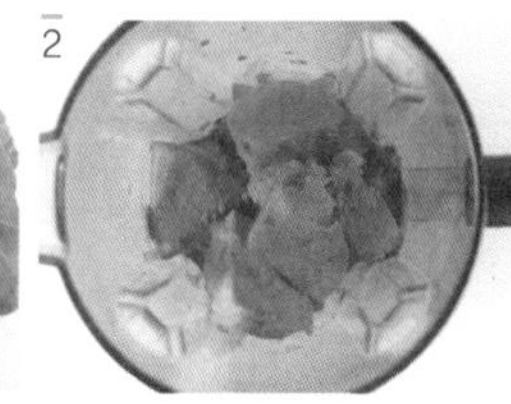

3
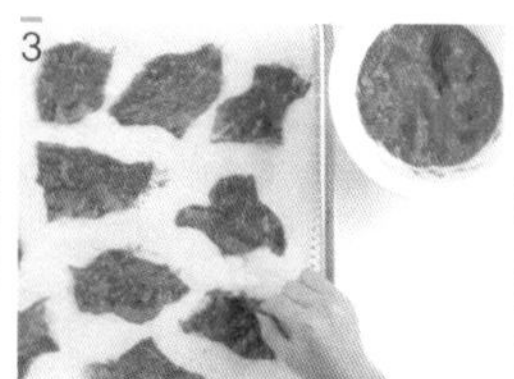

4

How to make

1_ 쌈케일은 줄기를 제거하고 잎은 적당한 크기로 찢어 주세요.

2_ 쌈케일을 제외한 모든 재료를 고속 블렌더를 사용해서 곱게 갈아주세요.

3_ 손질한 쌈케일에 2를 버무리고 건조기 트레이에 올려주세요.

4_ 파슬리 가루와 뉴트리셔널 이스트를 조금씩 뿌린 후 46℃에서 15시간 이상 바싹 건조합니다.

토끼도 좋아해! 당근 크래커 #당근 #토마토 #캐슈

주스를 만들고 남은 펄프로 크래커를 만들 수 있습니다.
로푸드는 버리는 것이 하나도 없답니다.

재료

당근 펄프 2컵, 토마토 펄프 1컵, 다진 양파 2작은술, 다진 마늘 2작은술, 불린 캐슈 1컵, 뉴트리셔널 이스트 1/4컵, 천일염 조금

1
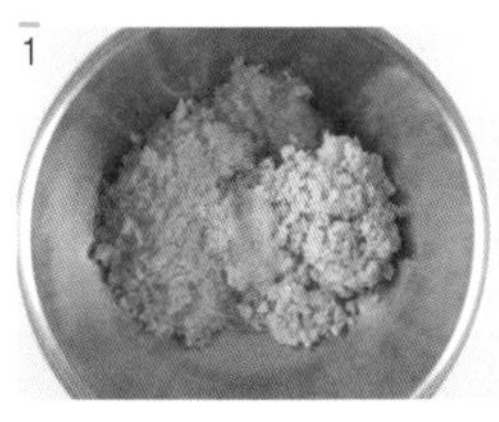

2

3

4

How to make

1_ 푸드프로세서를 사용해서 곱게 갈아준 캐슈와 나머지 재료들을 볼에 담아 주세요.

2_ 볼에 양념 재료를 담고 잘 섞어주세요.

3_ 건조기 트레이에 2의 반죽을 얇게 피고 46℃의 온도에서 10시간 정도 건조합니다. (중간에 한 번씩 뒤집어 주세요.)

4_ 건조된 반죽을 손을 이용해 먹기 좋은 사이즈로 부셔주면 당근 크래커 완성!

사이좋게 냠냠! 콜리 팝콘 #콜리플라워 #아가베시럽 #뉴트리셔널이스트

콜리플라워를 사용해서 만든 캐러멜 맛이 나는 팝콘입니다.
너무 맛있어서 계속 계속 먹게 될지도 몰라요.

재료

콜리플라워 1개

소스 아가베 시럽 1큰술, 올리브 오일 1작은술, 뉴트리셔널 이스트 1큰술, 천일염 조금

1

2

2-1

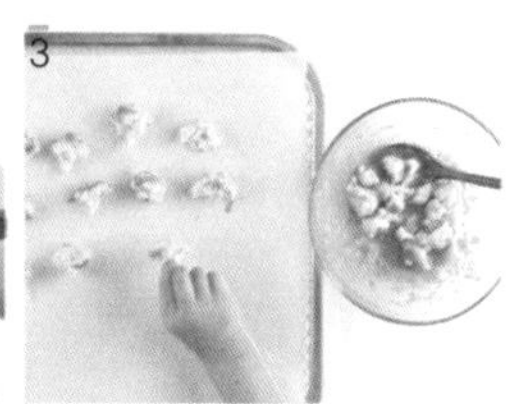
3

How to make

1_ 콜리플라워는 줄기는 제거하고 송이 부분을 작게 잘라주세요.

2_ 소스를 볼에 담고 잘 섞어 준 후 손질한 콜리플라워를 넣어 잘 버무려 주세요.

3_ 46℃의 건조기에서 12~14시간 정도 바짝 말려주세요.

쫀득 쫀득! 크랜베리 에너지 볼 #호두 #아몬드 #크랜베리

비타민A의 흡수를 돕고 항산화 물질이 풍부한 크랜베리!
어렸을 때부터 자주 섭취하면 성인이 되어서도 밝은 눈과 건강한 몸을 유지하는 데 큰 도움이 됩니다.
호두, 아몬드, 당근, 오이, 파프리카처럼 딱딱한 음식을 꼭꼭 씹어 먹으면서
턱 근육이 뇌 신경을 자극해 뇌 발달에도 도움을 줍니다.

재료

불린 호두 1컵, 불린 아몬드 1컵, 건조 크랜베리 1컵, 바닐라 에센스 2작은술,
천일염 조금, 코코넛 파우더 1컵

1

1-1
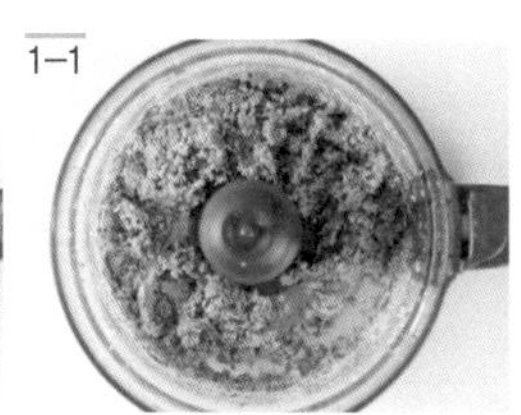

2

3

How to make

1_ 모든 재료를 푸드프로세서를 사용해서 갈아주세요.

2_ 1을 동그랗게 모양을 만들어 주세요.

3_ 코코넛 파우더에 굴려 묻혀주세요.

자꾸 자꾸 손이가 칩! #애호박 #귤 #비트

언제 어디서나, 쉽고 간편하게 영양 가득한 채소 과일을 맛볼 수 있답니다.
외출 시, 여행할 때 가지고 다니면서 드시면 가장 좋은 간식거리가 됩니다.

재료

애호박 1개, 당근 1개, 비트 1개, 감귤 1개, 사과 1개
파슬리 가루 조금, 코코넛 플레이크 조금
소스 코코넛 오일 2큰술, 아가베 시럽 1큰술, 물 1컵

1

2

How to make

1_ 채소와 과일을 얇게 썰어 소스에 버무려 주세요.

2_ 건조기 시트에 1을 올리고 파슬리 가루와 코코넛 플레이크를 뿌려준 후 46℃의 온도에서 12시간 정도 바싹 말립니다. (중간에 한 번 뒤집어 주세요)

달콤함에 퐁당! 딥 초콜릿 타르트 #아보카도 #아몬드 #캐롭파우더

아보카도를 사용해서 진한 초콜릿 타르트를 만들 수 있습니다.
사랑하는 아이에게 건강한 디저트를 선물하세요.

재료

크러스트 아몬드 3/4컵, 코코넛 플레이크 3/4컵, 대추야자 5개, 천일염 조금, 물 1~2큰술(옵션)
딥 초콜릿 필링 아보카도 1개, 카카오 파우더 2큰술, 캐롭파우더 2큰술, 아가베 시럽 3큰술, 바닐라 에센스 2작은술, 시나몬 가루 조금, 천일염 조금
토핑 좋아하는 과일

How to make

1_ 푸드프로세서를 사용해서 크러스트 재료를 갈아준 후 타르트 틀에 꼭꼭 눌러주세요.
2_ 푸드프로세서를 사용해서 아보카도가 크리미하게 될 때까지 갈아준 후 2-1에 채워주세요.
3_ 토핑용 과일로 장식하고 냉동실에 1시간 정도 냉동 후 드세요.

마음을 전해요 타르트 #호두 #캐슈 #캐롭파우더

제철 과일이나 좋아하는 과일을 토핑하여 이색적인 타르트를 만들어 보세요.
식사 후 온 가족과 함께 드시면 더욱 맛있을 거예요.

재료

크러스트 호두 2컵, 대추야자 5개, 카카오 파우더 4큰술, 캐롭 파우더 2큰술, 바닐라 에센스 2작은술, 천일염 조금

필링 불린 캐슈 1컵, 물 3/4컵, 코코넛 오일 3/4컵, 아가베 시럽 2작은술, 바닐라 에센스 1/2작은술, 천일염 조금

토핑 베리류, 딸기 등 좋아하는 과일

1

2

3

4

How to make

1_ 푸드프로세서를 사용해서 크러스트를 갈아주세요.

2_ 1을 타르트 틀에 단단하게 눌러 크러스트를 만들어주세요.

3_ 고속 블렌더를 사용해 필링 재료를 곱게 갈아준 후 2에 부어주세요.

4_ 토핑용 재료를 올리고 냉동실에 3~4시간 정도 굳힌 후 드세요.

사랑을 전해요 로푸드 초콜릿 #캐롭파우더 #코코넛오일 #아가베시럽

쌉쌀하면서도 달콤한 초콜릿은 몸이 피곤하거나 단것이 먹고 싶을 때 간식으로 먹으면 좋습니다.
캐롭 파우더는 카페인이 없고 칼슘 함량은 높지만, 칼로리가 낮아서 아이들에게 좋은 식재료입니다.

재료

캐롭 파우더 1컵, 코코넛 오일 1/2컵, 아가베 시럽 1/4컵, 바닐라 에센스 1작은술, 천일염 조금

토핑용 슬라이스 아몬드, 견과류, 건무화과, 건살구 등

1

2

3

3-1

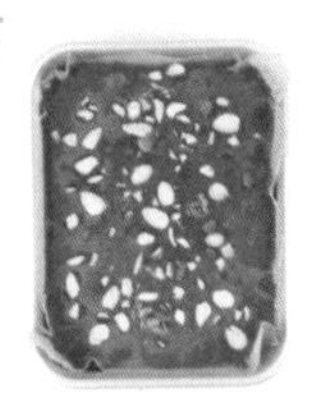

How to make

1_ 토핑용 재료를 제외한 모든 재료를 잘 섞어주세요.

2_ 1에 토핑용 재료를 넣어주세요.

3_ 몰드에 붓고 냉동실에 1시간 정도 굳힙니다.

기쁨이 치즈 케이크에게 #피칸 #캐슈 #딸기

치즈를 사용하지 않지만 진한 치즈 맛을 내는 필링 위에
딸기 필링을 올려 맛과 보는 눈의 즐거움까지 더했습니다.

재료

크러스트 불린 피칸 2컵, 대추야자 1/3컵, 천일염 조금
레몬필링 불린 캐슈 3컵, 레몬즙 3/4컵, 대추야자 5개, 코코넛 오일 3/4컵, 아가베 시럽 3/4컵, 바닐라 에센스 1작은술
딸기필링 냉동 딸기 2컵, 바나나 4개, 레몬즙 2큰술, 코코넛 오일 3큰술
토핑용 과일

How to make

1_ 푸드프로세서를 사용해서 크러스트 재료를 잘 갈아주세요.
2_ 1의 재료를 케이크 틀에 꼭꼭 눌러서 담아주세요.
3_ 고속 블렌더를 사용해 레몬 필링 재료를 곱게 갈아준 후
4_ 2 위에 올리고 잘 눌러 다듬고 냉동실에서 1시간 정도 굳힙니다.
5_ 고속 블렌더를 사용해 딸기 필링을 곱게 갈아준 후 4에 붓고 3시간 정도 냉동 후
6_ 원하는 과일로 장식합니다.

미스 엔젤, 비트 아이스크림 #캐슈 #비트 #아가베시럽

골격 형성과 유아 발육에 도움을 주는 빨간 무 비트는
높은 온도로 가열하면 비타민이 파괴되기 때문에 생이나 즙으로 먹는데,
아이스크림으로 만들어 놓으면 두고두고 건강하게 먹을 수 있습니다.

재료

캐슈너트 1컵, 비트 1/2개, 아가베 시럽 2큰술, 코코넛 밀크 1/2컵 또는 물 1/4컵

1

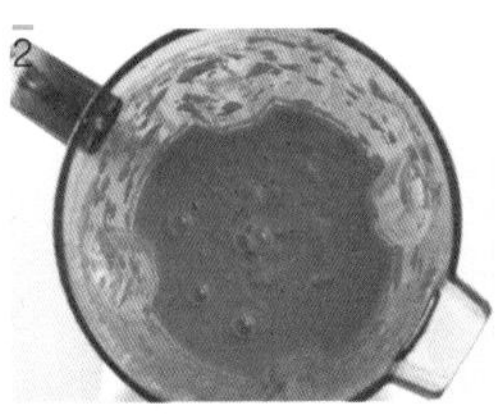
2

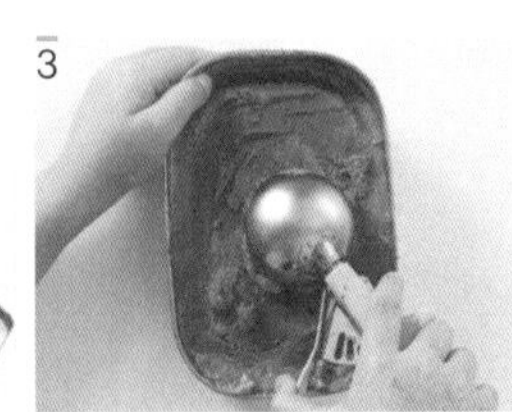
3

3-1

How to make

1_ 비트는 껍질을 벗긴 후 작게 잘라주세요.

2_ 고속 블렌더에 모든 재료를 넣은 후 갈아 주세요.

3_ 2를 그릇에 담고 3시간 이상 냉동시킨 후, 스쿱으로 떠서 아이스크림 그릇에 담아 주세요.

핑크 젤라또 복숭아 아이스크림 #캐슈 #복숭아 #코코넛밀크

슈퍼나 마트에서 사 먹기만 했던 아이스크림을 직접 만들어 본다면 아이들이 아주 좋아할 거예요.
색소 NO! 방부제 NO! 시중에 판매되는 첨가물 가득한 아이스크림 대신
건강한 홈메이드 아이스크림을 만들어 보세요.

재료

캐슈너트 1/2컵, 복숭아 1개, 아가베 시럽 1큰술, 코코넛 밀크 1/2컵

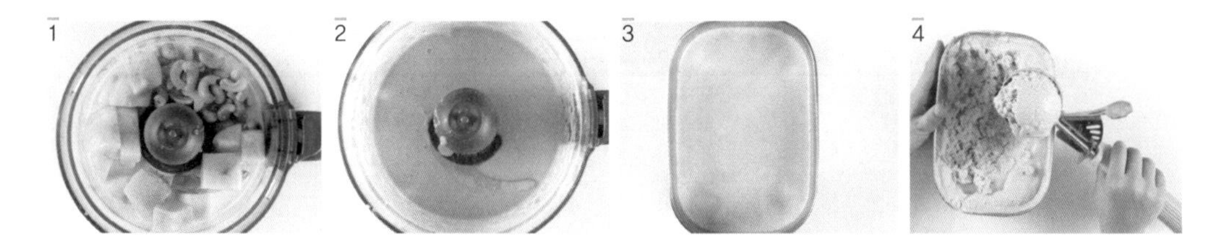

How to make

1_ 캐슈너트는 물에 1시간 불려 물기를 빼주고, 복숭아는 작게 잘라 준 후
2_ 모든 재료를 푸드프로세서에 넣고 갈아주세요.
3_ 1을 그릇에 담고 2시간 이상 냉동시켜 주세요.
4_ 스쿱으로 떠서 아이스크림 그릇에 담아 주세요.

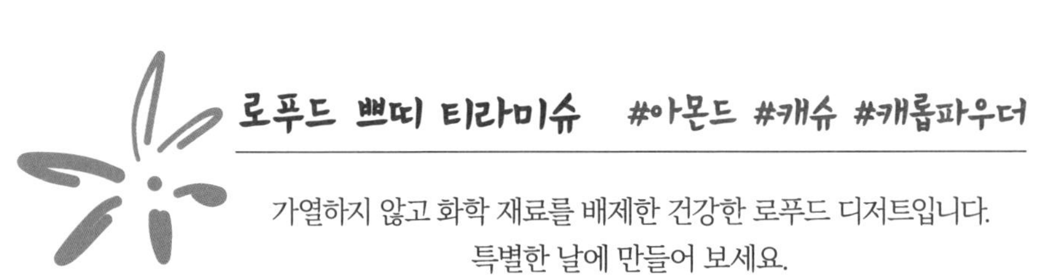

로푸드 쁘띠 티라미슈 #아몬드 #캐슈 #캐롭파우더

가열하지 않고 화학 재료를 배제한 건강한 로푸드 디저트입니다.
특별한 날에 만들어 보세요.

재료

크러스트 아몬드 2컵, 캐롭 파우더 2큰술, 아가베 시럽 2큰술, 천일염 조금, 물 조금
초콜릿 크림 아보카도 1개, 아몬드 밀크(p.55) 1/3컵, 캐롭 파우더 4큰술, 아가베 시럽 1/3컵, 바닐라 에센스 1작은술, 천일염 조금
화이트 크림 불린 캐슈 1컵, 물 1/2컵, 코코넛 오일 1/4컵, 아가베 시럽 3큰술, 바닐라 에센스 2작은술, 레몬즙 조금, 천일염 조금
토핑 캐롭 파우더

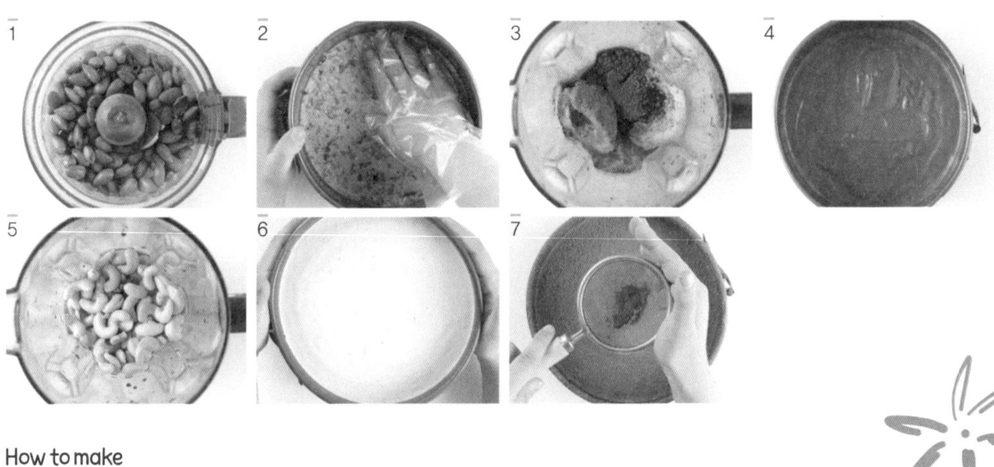

How to make

1_ 푸드프로세서를 사용해서 크러스트 재료를 곱게 갈아주세요.
2_ 1을 틀에 꾹꾹 눌러 담아 주세요.
3_ 초콜릿 크림 재료를 고속 블렌더를 사용해 곱게 갈아주세요.
4_ 3을 2 위에 붓고 냉동실에 30분 정도 굳힙니다.
5_ 화이트 크림 재료를 고속 블렌더를 사용해서 곱게 갈아주세요.
6_ 4 위에 부어서 표면이 평평하게 되도록 잘 펴주세요.
7_ 6 위에 고운 채를 사용해 캐롭 파우더를 고르게 뿌려주세요.

플라워 팝시클 아이스크림 #블루베리 #과일 #식용꽃

색감이 알록달록한 과일은 아이들의 시각과 미각을 자극하고
설탕 대신 천연 과일의 달콤함을 맛볼 수 있습니다.

재료

냉동 블루베리 또는 냉동 산딸기 조금, 냉동 석류 조금, 생과일 또는 건조 과일칩 조금, 식용꽃 조금, 애플민트 조금, 코코넛 워터 한 컵(즙과일 대체 가능)

1

2

How to make

1_ 얼음 트레이에 식용꽃, 블루베리, 석류를 넣고 코코넛 워터를 부어 냉동실에서 6시간 이상 얼려주세요.

2_ 아이스크림 몰드에 잘라놓은 과일을 넣고 코코넛 워터를 부어 6시간 이상 얼려주세요.

해피 투게더 아이스크림 #바나나 #바닐라에센스 #시나몬

바나나를 얼린 후 도구를 사용해 살짝 갈아주면 아이스크림 식감을 낼 수 있습니다.
여기에 로푸드 잼 또는 좋아하는 과일을 곁들이면 건강한 디저트가 완성됩니다.

재료

얼린 바나나 2~3개, 바닐라 에센스 조금, 시나몬 파우더 조금

토핑 라즈베리 잼, 슬라이스 아몬드 조금씩

1

1-1

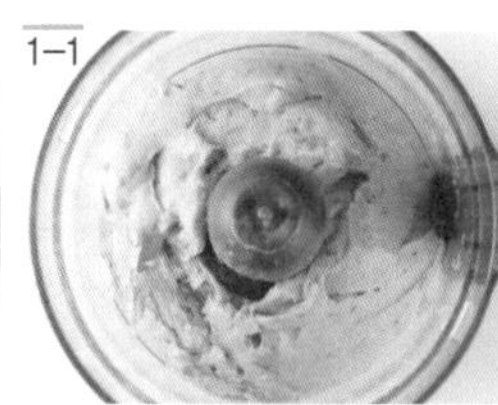

2

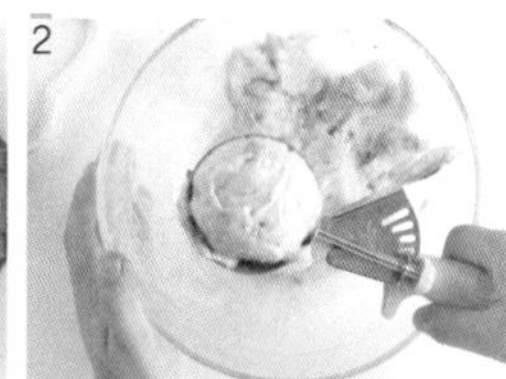

3

How to make

1_ 모든 재료를 푸드프로세서를 사용해 아이스크림 식감이 될 때까지 갈아주세요.

2_ 스쿱으로 떠서 그릇에 예쁘게 담아주세요.

3_ 라즈베리 잼과 슬라이스 아몬드를 올려 토핑해 주세요.

골라먹는 재미! 파베 초콜릿 #캐슈 #캐롭파우더

아이와 함께 만들면 놀이도 되고 건강한 디저트를 선물할 수 있습니다.
다양한 가루를 넣어 여러 가지 색을 주는 것도 재미있는 요소가 된답니다.

재료

불린 캐슈 3컵, 아가베 시럽 2큰술, 바닐라 에센스 1/4작은술, 캐롭 파우더 3큰술, 천일염 조금

천연 파우더 석류 파우더, 캐롭 파우더, 보리 새싹 파우더

1

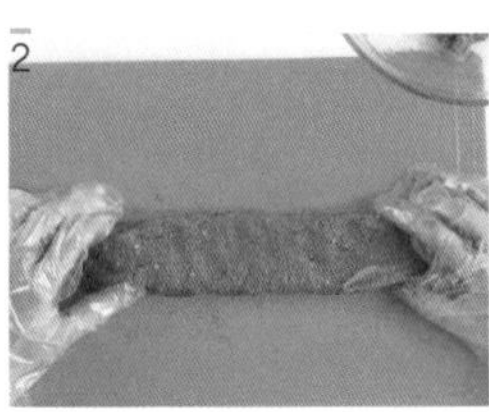
2

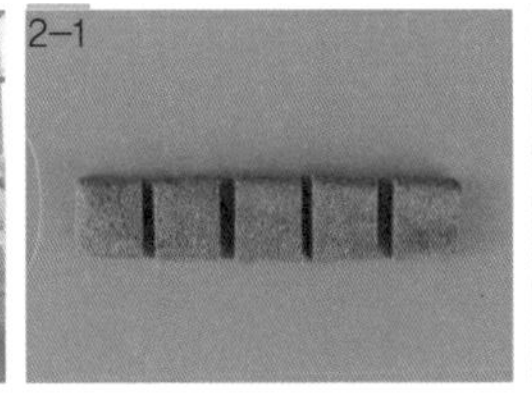
2-1

3

How to make

1_ 푸드프로세서에 천연 파우더를 제외한 모든 재료를 잘 뭉쳐지도록 갈아주세요.

2_ 1의 반죽을 한입 크기의 정사각형 모양으로 만든 후 냉장에서 30분 정도 굳힙니다.

3_ 반죽이 굳으면 원하는 파우더를 고루 묻힌 후 드세요.

몽실 몽실, 망고 구름 셔벗 #망고

베타카로틴과 비타민A가 들어 있어 시력보호와 두뇌발달에 도움을 줍니다.
본연의 재료에 아가베 시럽과 바닐라 에센스 같은 감미료를 조금 추가하면
맛있는 건강 아이스크림을 만들 수 있습니다.

재료

망고 3컵, 아가베 시럽 1~2큰술, 바닐라 에센스 조금

1

2

3

How to make

1_ 푸드프로세서를 사용해서 재료를 갈아주세요.

2_ 1을 그릇에 담고 냉동실에 3~4시간 이상 얼립니다. (얼리는 중간에 포크를 사용해서 긁어주세요.)

3_ 먹기 전에 스쿱으로 떠서 그릇에 담은 후 실온에서 5~10분 정도 후에 드세요.

동글 동글 시나몬 볼 #호두 #건포도 #대추야자

다양한 견과류를 사용해 동그랗게 모양내어 만든 디저트입니다.
에너지 충전 딱! 좋아요!

재료

호두 1/2컵, 건포도 1/2컵, 대추야자 1/2컵, 건 무화과 1/3컵,
레몬즙 2작은술, 천일염 조금, 시나몬 가루 조금
토핑용 다진 호두, 참깨

How to make

1_ 모든 재료를 푸드프로세서를 사용해서 갈아주세요.

2_ 1의 반죽을 동그란 모양으로 빚고 다진 호두나 참깨에 굴려 코팅합니다.

마이 디어 레몬 쿠키씨 #마카다미아 #코코넛가루 #레몬

레몬즙과 제스트를 사용해 레몬 향과 맛이 가득하답니다.
기분까지 좋아지는 레시피입니다.

재료

마카다미아너트 2컵, 코코넛가루 1컵, 레몬 제스트 1큰술, 메이플 시럽 1/4컵,
바닐라 에센스 1작은술, 레몬즙 2큰술, 천일염 조금

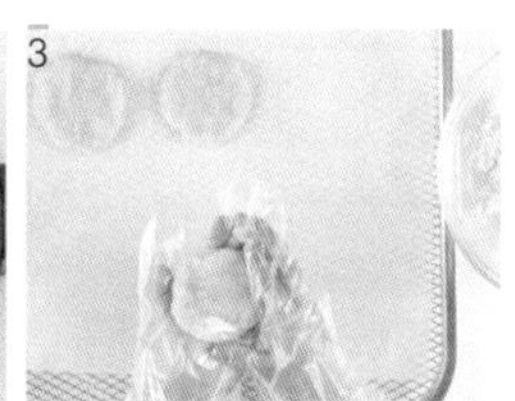

How to make

1_ 마카다미아너트와 코코넛 가루를 푸드프로세서에 넣고 살짝만 갈아주세요.

2_ 나머지 재료를 넣고 재료들이 잘 섞이도록 갈아주세요. (너무 많이 갈지 않도록 합니다.)

3_ 동그랗고 얇은 모양으로 만들어 준 후 46℃의 건조기에서 10시간 정도 말려주세요.

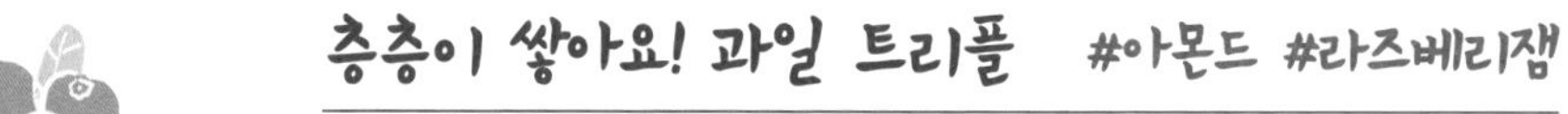

층층이 쌓아요! 과일 트리플 #아몬드 #라즈베리잼

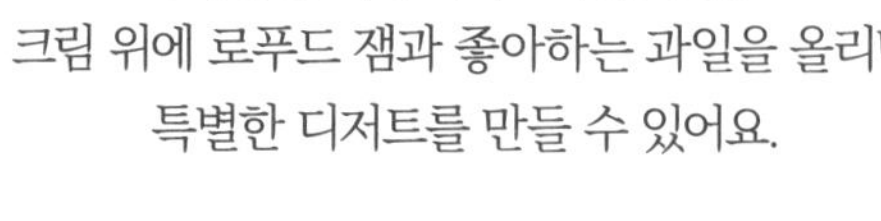

견과류를 사용해서 크림을 만들고
크림 위에 로푸드 잼과 좋아하는 과일을 올리면
특별한 디저트를 만들 수 있어요.

재료

아몬드 크림 아몬드 크림, 아몬드 1컵, 물 1컵, 아가베 시럽 2큰술, 바닐라 에센스 2작은술,

토핑 오디, 크랜베리 등 좋아하는 과일

1

2

3

How to make

1_ 유리컵 바닥에 라즈베리 잼을 깔아주세요.

2_ 고속 블렌더를 사용해 아몬드 크림 재료를 갈아준 후 1 위에 올려주세요.

3_ 좋아하는 과일을 토핑하여 마무리합니다.

달콤함이 듬뿍! 로얄 초코 케이크 #아몬드 #캐슈 #캐롭파우더

진한 초코필링을 만들어 누구나 좋아하는 케이크를 만들 수 있습니다.
은은하게 느껴지는 부드럽고 달콤한 초코필링에 분명 반하실 거예요.

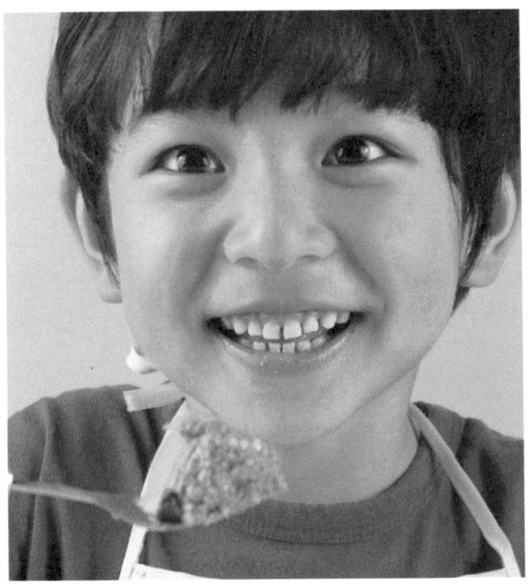

재료

크러스트 아몬드 1컵, 카카오가루 1큰술, 대추야자 5개, 천일염 조금

초코필링 캐슈 2컵, 아가베 시럽 1/3컵, 코코넛 오일 1/3컵, 캐롭 파우더 2큰술, 바닐라 엑기스 1작은술, 천일염 조금

토핑 건조과일, 무화과

How to make

1_ 크러스트 재료를 푸드프로세서를 사용해서 갈아 주세요.

2_ 1을 케이크 틀에 꾹꾹 눌러 담습니다.

3_ 초코필링 재료를 고속 블렌더를 사용해서 갈아준 후 2위에 붓습니다.

4_ 냉동실에서 3시간 정도 굳힌 후 과일을 토핑하고 1시간 정도 더 굳혀 주세요.

5_ 먹기 15분 전 실온에 꺼내두었다 먹습니다.

퐁당퐁당 초코푸딩 #치아씨드 #아보카도 #캐롭파우더

작지만 영양소가 가득한 치아씨드를 아몬드 밀크에 불려,
부드럽고 달콤한 초콜릿 건강식 푸딩을 맛볼 수 있습니다.

재료

아몬드 밀크(p.55) 1컵, 치아씨드 1~2큰술
아보카도 1/2개, 캐롭 파우더 1큰술, 아가베시럽 1큰술, 바닐라 에센스 1/4 작은술,
토핑 시나몬 파우더

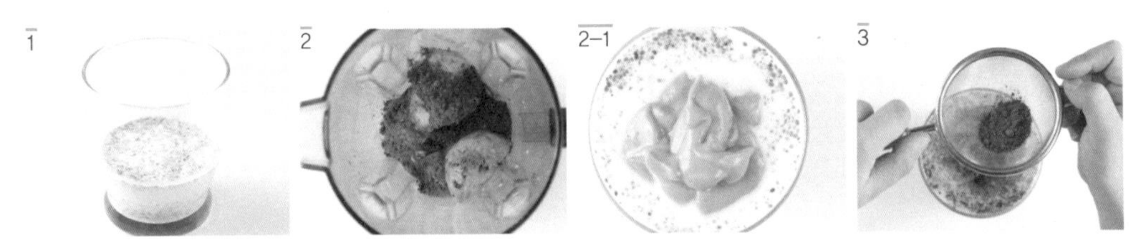

How to make

1_ 치아씨드를 아몬드 밀크에 30분 정도 불려주세요.
2_ 나머지 재료를 고속 블렌더에 넣고 갈아 준 후 1에 부어 주세요.
3_ 표면에 시나몬 파우더를 살짝 뿌려줍니다.

달콤함이 촉촉! 초코 아이스크림 #캐롭파우더 #아보카도 #코코넛밀크

캐롭은 약용효과가 뛰어나고 단맛이 있어
입맛이 없고 몸에 힘이 없을 때 먹으면 금방 기분이 좋아질 거예요.

재료

아보카도 1~2개, 대추야자 8개, 코코넛 밀크 1컵 반, 아가베 시럽 2큰술,
캐롭 파우더 2큰술

1

2

2-1
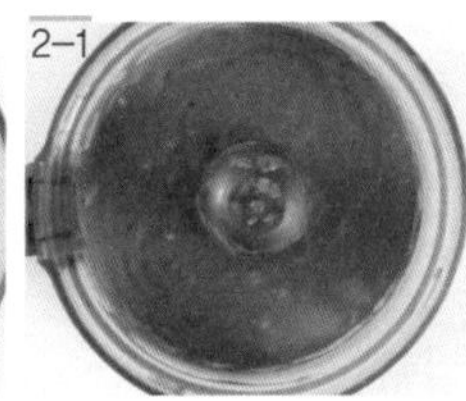

3
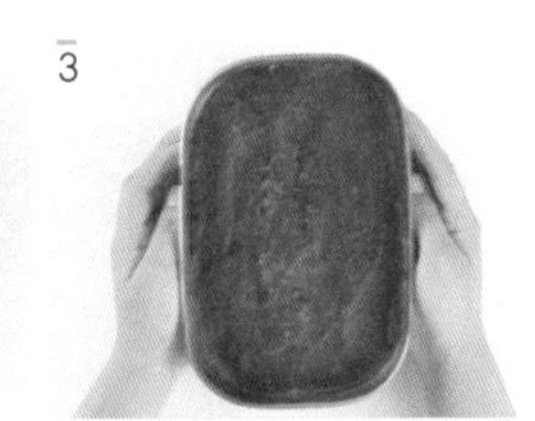

How to make

1_ 아보카도를 반으로 자른 후 씨를 제거해 주세요.

2_ 모든 재료를 푸드프로세서에 넣고 갈아 주세요.

3_ 2를 그릇에 담고 3시간 이상 냉동시켜 주세요.

좋은친구 초코칩 쿠키 #아몬드버터 #캐슈

아몬드 버터를 첨가한 초코칩 쿠키는 훨씬 더 부드러워 아이들에게 좋습니다.
너트 밀크와 함께 먹으면 훨씬 더 맛있어요.

재료

아몬드 버터 1큰술, 불린 캐슈너트 2컵, 아가베시럽 3큰술,
천일염 조금, 물 2큰술, 로푸드 다진 초콜릿 4큰술

1

2
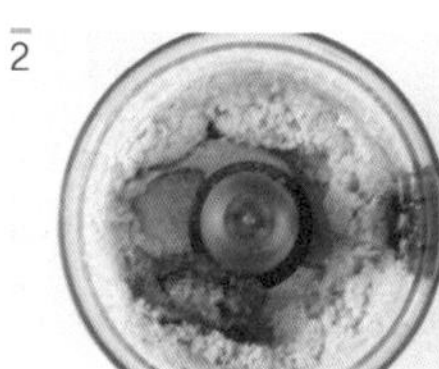

3

4

How to make

1_ 불린 캐슈너트를 푸드프로세서에 넣고 갈아주세요.

2_ 아몬드 버터와 함께 모든 재료를 넣고 다시 갈아주세요. (다진 초콜릿 제외)

3_ 다진 초콜릿을 넣고 섞어주세요.

4_ 스쿱으로 떠서 그릇에 담아 주세요.

헬시 그라놀라 #해바라기씨 #크랜베리

두뇌 회전에 좋은 견과류를 듬뿍 넣은 그라놀라는 너트 밀크와 함께 드시면
든든한 한 끼 식사로도 손색이 없답니다.

재료

아몬드 1컵, 호두 1컵, 해바라기씨 1컵, 건조 크랜베리 1/4컵, 사과 1/2개, 대추야자 1/4컵, 메이플 시럽 1큰술, 레몬즙 1큰술, 시나몬 가루 1/2작은술, 천일염 조금

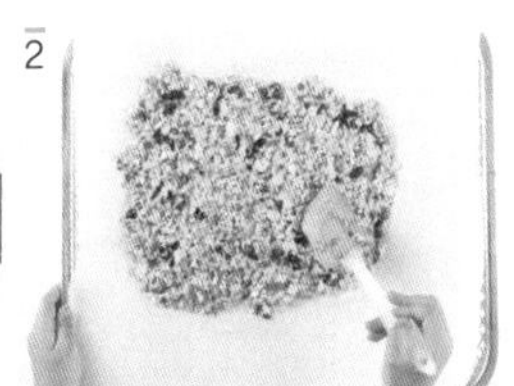

How to make

1_ 모든 재료를 푸드프로세서를 사용해서 갈아주세요.

2_ 46℃ 온도의 건조기에서 10시간 이상 건조 후 드세요.

알록달록 로 마카롱 #코코넛파우더 #천연파우더

알록달록 색감에 반하고 맛에 두 번 반하게 되는 레시피입니다.
바삭바삭한 식감과 달콤한 맛이 인상적입니다.

재료

마카롱 코크 코코넛 파우더 2컵, 메이플 시럽 2큰술, 코코넛 오일 1큰술, 천일염 조금, 물 조금(반죽의 상태를 보며 물을 추가합니다.)

천연가루 캐롭 파우더, 스피룰리나 파우더, 석류 파우더 각 1큰술씩

필링 불린 캐슈 1컵, 캐롭 파우더 1작은술, 메이플 시럽 1큰술, 물 조금

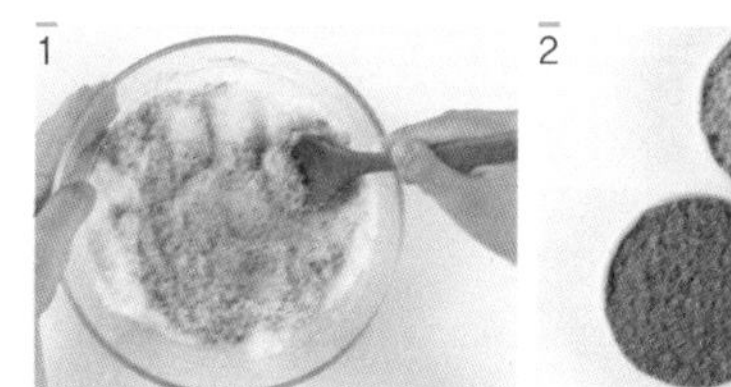

1

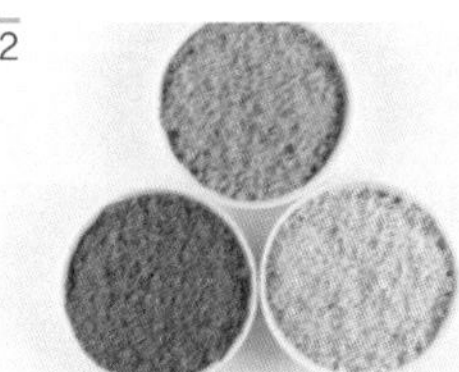

2

3

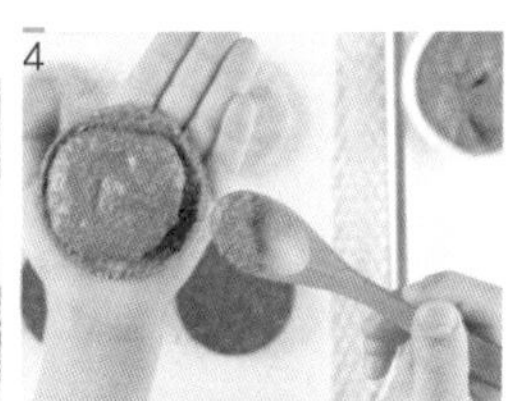

4

How to make

1_ 코크 재료를 푸드프로세서에 넣고 반죽이 잘 뭉쳐지도록 갈아준 후 3등분으로 나누고 원하는 가루를 넣고 섞어주세요.

2_ 3가지 천연가루를 그릇에 각각 담아 준비해 주세요.

3_ 동그란 틀을 이용해서 꾹꾹 눌러준 후 46℃의 온도의 건조기에서 5시간 이상 건조합니다.

4_ 푸드프로세서를 사용해서 필링 재료를 곱게 갈아 준 후 완성된 마카롱 코크 사이에 필링을 바릅니다.

야미 도넛! 글레이즈 도넛 #오트밀 #아몬드 #코코넛플레이크

밀가루 대신 오트밀과 아몬드를 사용해 건강함을 더하고
초콜릿 소스, 핑키 소스를 곁들어 달콤함을 추가했습니다.
채식이라고 해서 맛이 없다는 편견은 갖지 마세요!

재료

도넛 오트밀 1컵, 아몬드 1/2컵, 코코넛 플레이크 1컵, 아가베 시럽 3큰술, 시나몬 파우더 2작은술, 바닐라 에센스 1/2작은술, 물 조금

초콜릿 소스 카카오 버터 1컵, 카카오 가루 3/4컵, 아가베 시럽 1/2컵, 바닐라 에센스 1/4작은술

핑키 소스 캐슈너트 1/2컵, 코코넛 밀크 1/3컵, 코코넛 오일 1/4컵, 아가베 시럽 1큰술, 바닐라 에센스 1/2작은술, 천일염 조금, 비트즙 1~2큰술

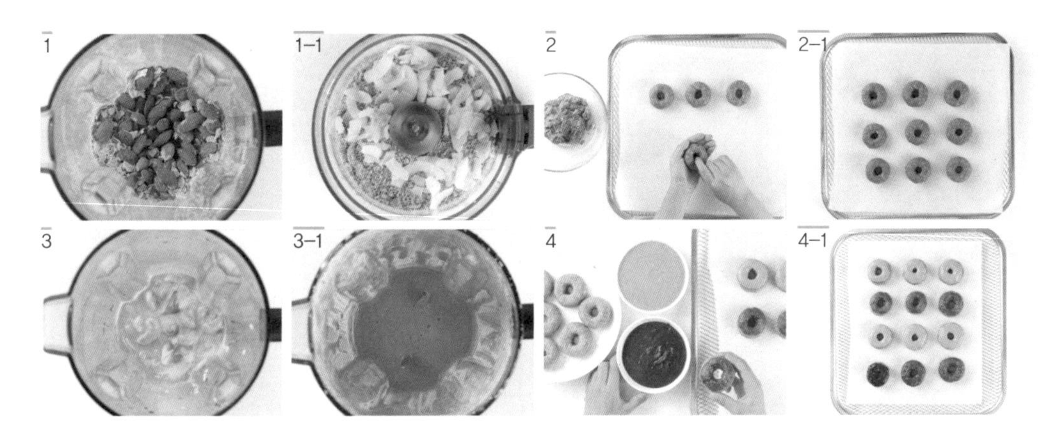

How to make

1_ 오트밀과 아몬드를 고속 블렌더를 사용해서 가루로 만든 후 코코넛 플레이크와 나머지 도넛 재료를 푸드프로세서에 넣고 잘 섞이도록 갈아주세요.

2_ 1의 반죽을 도넛 모양으로 만든 후 46℃의 건조기에서 10시간 정도 건조합니다.

3_ 고속 블렌더를 사용해서 초콜릿 소스와 핑키 소스를 곱게 갈아주세요.

4_ 건조된 도넛을 소스에 찍어 소스가 마를 때까지 건조 시켜 줍니다.

바나나에 반하나 크레페 #바나나

바나나를 건조하면 쫀득한 식감이 되어 크레페같이 연출할 수 있습니다.
펙틴 성분이 풍부한 바나나는 장의 활동을 원활하게 해서 설사를 하는 아이들에게 좋은 재료이며
몸의 긴장을 풀어주고 휴식을 취할 수 있도록 도와줍니다.

재료

바나나 2개, 레몬즙 1큰술, 시나몬 가루 1/4작은술, 라즈베리 잼

토핑 블루베리, 라즈베리, 바나나 등

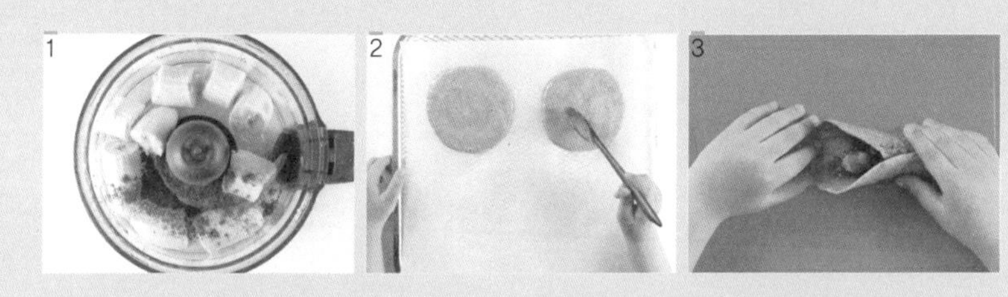

How to make

1_ 크레페 재료를 푸드프로세에 곱게 갈아주세요.

2_ 건조기 시트에 1의 반죽을 얇고 동그랗게 편 후 46℃의 온도에서 6~7시간 정도 말립니다. 중간에 한 번 뒤집어 주세요.

3_ 완성된 크레페에 라즈베리 잼을 바르고 좋아하는 과일을 넣어 돌돌 말아 주세요.

궁디팡팡! 에너지바 #메밀 #곶감 #바나나

에너지 넘치는 아이에게 필요한 에너지바.
간식으로 또는 운동 후에 먹으면 에너지를 충전할 수 있어요.

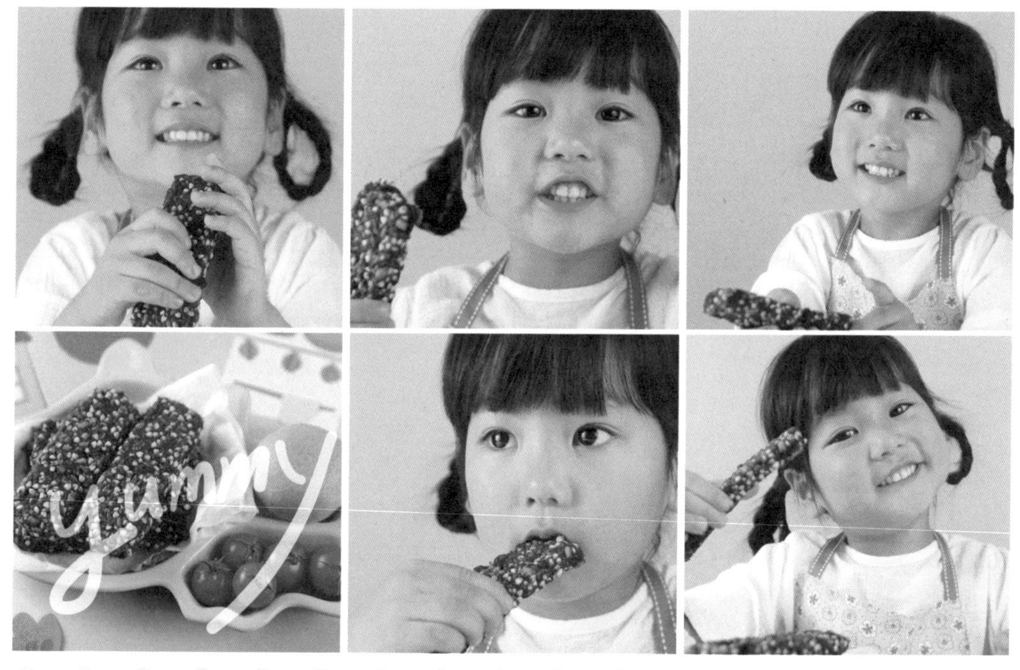

재료

메밀 1과 1/2컵, 해바라기씨 1/4컵, 건조 크랜베리 1/4컵, 코코넛 파우더 1/2컵, 바나나 1개, 곶감 2개, 카카오 가루 2큰술, 시나몬 가루 1/2작은술, 천일염 조금

How to make

1_ 바나나, 곶감, 카카오 가루, 시나몬 가루, 천일염을 푸드프로세서에 넣고 갈아주세요.

2_ 1의 반죽에 나머지 재료를 넣고 잘 섞어주세요.

3_ 반죽을 직사각형 모양으로 만들어 건조기 트레이에 올리고 46℃의 온도의 건조기에서 12~14시간 바싹 말려주세요.

신나는 하루를 시작해! 아삭 배 크런치 시리얼 #배 #크랜베리 #코코넛가루

배와 견과류를 조합하여 건조하면 달콤함과 고소함은 더 증가합니다.
간식으로 너무 좋은 레시피입니다.

재료

배 2컵, 오트밀 2컵, 건조 크랜베리 1/3컵, 코코넛 가루 1/3컵, 아몬드 버터 1/3컵, 코코넛 오일 1큰술, 아가베 시럽 1큰술, 시나몬 가루 조금, 천일염 조금

1

1-1
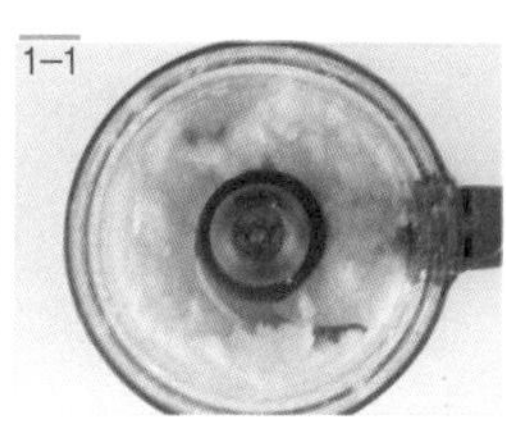

2
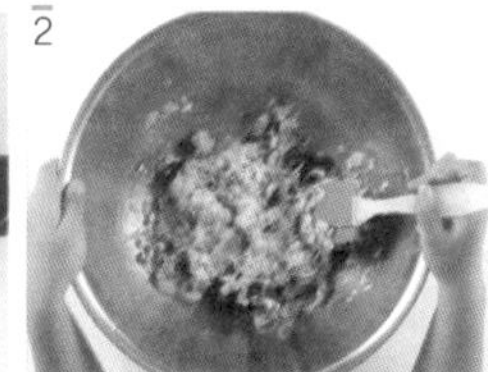

3

How to make

1_ 푸드프로세서를 사용하여 배를 살짝만 갈아주세요.

2_ 1에 모든 재료를 담고 잘 섞어주세요.

3_ 건조기 트레이에 유산지를 깔고 넓게 펴준 후 46℃의 10시간 이상 건조합니다.

내마음을 받아줘! 애플 크럼블 파이 #사과 #캐슈 #시나몬

아삭아삭 사과와 부드러운 화이트 크림, 달짝지근한 시나몬 드레싱이 어우러진,
맛이 좋은 로푸드 파이를 만들어 보세요.
살짝 건조하면 바삭하고 따뜻한 식감으로 드실 수 있습니다.

재료

사과 4개, 불린 호두 2~3큰술

화이트 크림 불린 캐슈 1컵, 메이플 시럽 2큰술, 바닐라 에센스 1작은술, 물 1/2컵

시나몬 드레싱 코코넛 오일 1/4컵, 메이플 시럽 1/3컵, 레몬즙 3큰술, 시나몬 파우더 1큰술

크럼블 호두 1컵, 피칸 1컵, 바닐라 에센스 1작은술

How to make

1_ 화이트 크림 재료를 고속 블렌더를 사용해서 곱게 갈아주세요.

2_ 시나몬 드레싱 재료를 볼에 담고 잘 섞어주세요.

3_ 크럼블 재료를 푸드프로세서를 사용해서 잘 뭉쳐지도록 갈아 준 후 파이 볼에 담고 편편하게 꾹꾹 눌러 주세요.

4_ 사과는 씨를 제거하고 1/4등분으로 자른 후 채칼을 사용해 반달모양으로 얇게 잘라주세요.

5_ 손질한 사과를 3 위에 올려주세요.

6_ 솔을 사용해 시나몬 드레싱을 고루 발라주세요.

7_ 6 위에 화이트 크림을 1~2스푼 발라주세요.

8_ 말린 사과를 돌돌 말아 꽃 모양으로 만들어 주세요.

9_ 7과 같은 방식의 쌓기를 서너 번 정도 반복한 후 맨 위에 화이트 크림으로 장식하고 사과꽃을 올려 장식해 주세요.

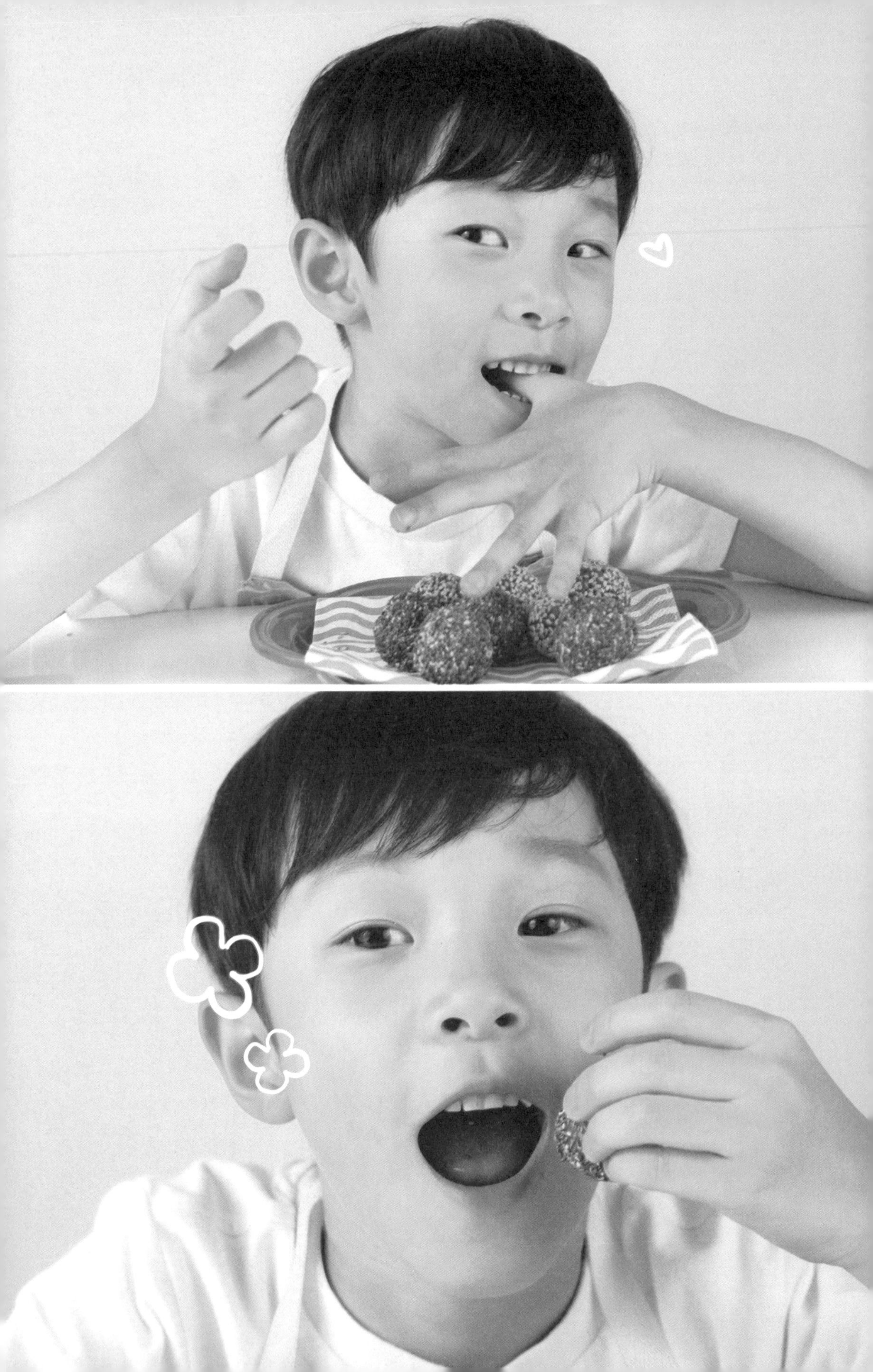

Part_8

런치타임

음식이 곧 약입니다.

아이를 임신하기 전부터, 또는 임신한 엄마의 자궁 안에서 태아는 엄마가 먹은 음식을 양수를 통해 마시며 어떤 맛인지 학습합니다. 엄마 뱃속에서 맛보았던 익숙한 그 맛을 출산하여 키우고 있는 현재까지 더욱 선호하고 아이가 자라면서 좋아하게 될 가능성이 큽니다. 매일 당근 주스를 마신 임산부에게서 태어난 아기가 당근이 들어있는 이유식을 선호하는 것처럼 말입니다.

아이들은 부모와 함께하는 식탁에서 부모가 먹는 것을 보고 배우며 어린 시절부터 건강하고 올바른 식습관을 형성하게 됩니다. 면역력 약화와 당뇨, 심장병, 암 등 다양한 질병을 건강한 식습관으로 예방할 수 있으며 같은 음식을 먹는 가족은 같은 병에 걸릴 확률도 높습니다.

우리 몸은 우리가 먹은 음식으로 만들어집니다. 마트에서 판매되는 여러 식품 중 좋은 영양성분이 들어있다는 식품 광고에 안심을 하고 쉽게 아이 식탁에 올려놓지만, 가공식품은 자연식품의 영양성분을 따라갈 수 없습니다. 현재 아이 손에 쥐여주는 패스트푸드, 정크푸드는 싸고 간편하지만, 훗날 아이들의 삶의 질을 저하시키는 대가를 치러야 할 수 있습니다. 아이의 입맛은 부모의 책임이 큽니다.

가공식품인 가짜 음식을 줄이고 살아있는 신선한 과일, 채소, 견과류, 씨앗 같은 자연식품을 온 가족이 함께 먹는다면 부모와 아이 모두 질병을 예방하고, 이기는 건강한 식습관을 가질 수 있습니다.

사랑하는 아이에게 건강하고 행복한 삶을 살아갈 수 있는 튼튼한 몸의 기반을 만들어 주는 것이 그 무엇보다 아이에게 주는 가장 값진 선물이 될 것입니다.

채소가 친숙하지 않은 아이들을 위해 밥과 함께 채소 과일로 도시락을 구성해 보았습니다. 가족과 함께 먹는 건강한 식사 한 끼는 어떠한 음식보다 몸과 마음을 행복하고 활기차게 하는 보약이 된답니다.

건강한 한 끼! 채소 김밥

김에 밥을 얇게 펴고 알록달록 예쁜 채소를 추가해서
살아있는 효소와 채소의 싱그러움을 함께 느껴 보세요.
채소에는 색상별로 좋은 영양 성분이 들어있으므로 골고루 자주 섭취해 주세요.

재료

밥 1공기, 당근 1/2개, 오이 1/2개, 빨간 파프리카 1/2개, 상추 6장, 검은깨 조금, 김 3장

밑간 재료 천일염 조금, 참기름 조금, 식초 조금

소스 뭉크 소스

How to make

1_ 볼에 밥을 담고 밑간 재료를 넣어 섞어주세요.

2_ 채소는 얇게 채썰어 주세요.

3_ 김 위에 1을 올리고 상추-채소를 올린 후 김발로 돌돌 말아서 먹기 좋은 크기로 잘라주세요.

어흥! 사자 카레밥

강황의 성분인 커큐민은 면역력과 기억력 향상에 효과가 좋으며
몸을 따뜻하게 하는 성질이 있다고 합니다.
노란 색상도 예쁘고 건강에도 좋은 카레! 가족 모두 자주 섭취해서 함께 건강하고 튼튼해져요.

재료

밥 1공기, 카레 가루 1/2 작은술, 김 1장
밑간 재료 천일염 조금, 참기름 조금, 식초 조금

How to make

1_ 볼에 밥을 담고 카레 가루와 밑간 재료를 넣고 잘 섞어주세요.
2_ 비닐장갑을 끼고 원하는 모양으로 만들어 주세요.
3_ 가위로 김을 잘라 다양한 얼굴을 표현해 주세요.

아삭 아삭! 뽕뽕! 로 잡채밥

기름에 볶지 않아 느끼하지 않고 오독오독! 꼭꼭! 씹어 먹는 재미가 있습니다.
만들기도 쉽고 간편해서 아이와 함께 요리 활동하기에도 좋고
땀이 뻘뻘 나는 더운 여름 입맛이 없을 때 시원하고 아삭한 냉잡채로 만들어 먹어도 참 좋습니다.

재료

로잡채(p. 128)
밥 1공기, 김 1장
밑간 재료 천일염 조금, 참기름 조금, 식초 조금

How to make

1_ 볼에 밥을 담고 밑간 재료를 넣어 잘 섞어주세요.
2_ 비닐장갑을 끼고 원하는 얼굴 모양으로 만들어 준 후 김펀치 또는 가위로 김을 잘라 다양한 얼굴을 표현해 주세요.

다 내꺼! 연근 유부초밥

연근에는 지혈 효과에 좋은 탄닌 이라는 성분이 있어 코피가 자주 나는 아이들에게 좋습니다.
철분이 들어있어 피 생성을 돕고, 스트레스 해소와 심리 안정에도 좋은 효과가 있습니다.

재료

밥 1공기, 연근 1/3개, 당근 1/3개, 오이 1/3개, 유부 1봉지, 통깨 조금

밑간 재료 천일염 조금, 참기름 조금, 식초 조금

How to make

1_ 연근, 당근, 오이를 잘게 다진 후 오이는 천일염에 살짝 절여 주세요.

2_ 프라이팬에 연근, 당근을 살짝 볶아주고 천일염에 절인 물기를 짠 오이를 넣고 한 번 더 볶아주세요.

3_ 볼에 밥을 담고 2와 밑간 재료를 넣어 잘 섞어 주세요.

4_ 3을 숟가락으로 떠서 유부 안에 소복이 담아주세요.

채소 과일 맛있어! 샐러드

아이와 채소, 과일의 특징을 이야기하고 이름을 맞히는 퀴즈를 내어 보세요.
"땅속에 살고 길쭉길쭉 딱딱 하지만 우리 눈의 시력을 보호해주는 채소는 무엇일까요?"
발표력과 자신감, 언어능력이 향상됩니다.

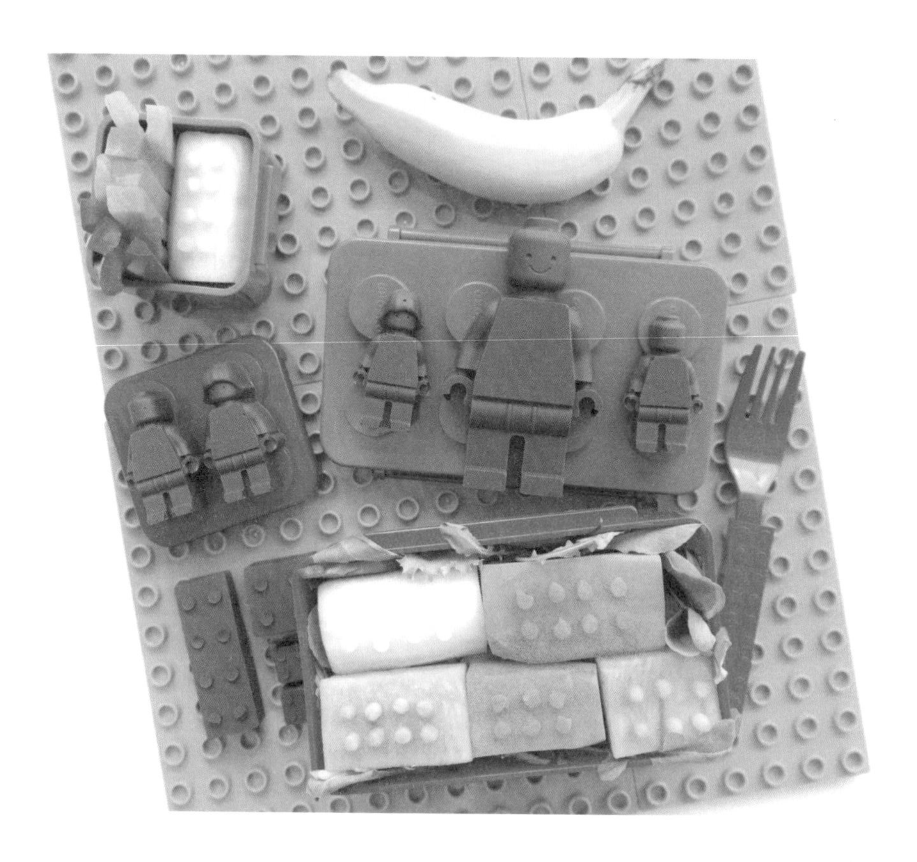

재료

감 1개, 오이 1/2개, 당근 1/2개, 어린잎 채소 조금
로푸드 초콜릿(p. 164)
키위 드레싱 키위 간 것 1/2컵, 식초 1작은술, 아가베 시럽 1큰술, 천일염 조금

How to make

1_ 채소, 과일은 깨끗이 씻어 물기를 빼준 후 사각형 모양으로 여러 개 잘라주세요.
2_ 얇게 잘라놓은 재료 위에 빨대로 콕 찍어 작은 동그란 모양이 나오면 1 위에 올려주세요.
3_ 어린잎 채소를 도시락통 아래에 담고 2를 올려주세요.
4_ 로푸드 초콜릿(토핑 제외)은 몰드에 담아 냉동실에서 30분 굳힙니다.

마이 런치 스페셜! 하와이언 파인애플 볶음밥

알록달록 여러 가지 채소를 함께, 많이 먹을 수 있는 볶음밥은
파인애플과 함께 먹으면 더욱 상큼한 맛을 느낄 수 있습니다.
비타민C가 풍부하고 우리 몸의 면역력을 유지 시켜 주는 파인애플, 사랑할 수밖에 없겠죠?

재료

밥 1공기, 파인애플 1/2컵, 빨간색 파프리카 1/4개, 주황색 파프리카 1/4개
초록색 피망 1/4개, 표고버섯 2개, 통깨 조금

밑간 재료 천일염 조금, 참기름 조금, 식용유 조금

샐러드 드레싱 레몬즙 1작은술

How to make

1_ 모든 재료를 깨끗이 씻어 물기를 빼준 후 잘게 다져 주세요. (파인애플 제외)

2_ 프라이팬에 식용유를 두르고 1과 밑간을 넣고 볶다가 밥을 넣고 한 번 더 볶아주세요. (파인애플 제외)

3_ 2에 파인애플을 넣고 살짝 볶은 후 깨를 뿌려 담아 주세요.

와사삭! 샐러드, 보들보들! 스크럽블

당근과 고구마를 라면처럼 면으로 먹는다는 기발한 생각, 상상할 수 있었을까요?
당근은 주황색뿐만 아니라 보라색 당근도 있답니다.
건강한 식재료를 먹고 아이의 상상력과 창의력을 키워 주세요.

재료

당근 1/2개, 자색 당근 1/2개, 고구마 1/2개, 두부 1모, 카레가루 1작은술, 천일염 조금

채소면 드레싱 토마토 소스

두부 스크램블 드레싱 데리야키 소스

How to make

1_ 회전채칼(스파이럴 슬라이서)을 사용해서 모든 채소를 면으로 만들어 주세요.

2_ 볼에 두부를 담고 으깨어 준 후 거름망에 넣어 물기를 짜주세요.

3_ 2에 카레 가루와 천일염을 넣어 섞어 준 후 접시에 채소면과 함께 담아 주세요.

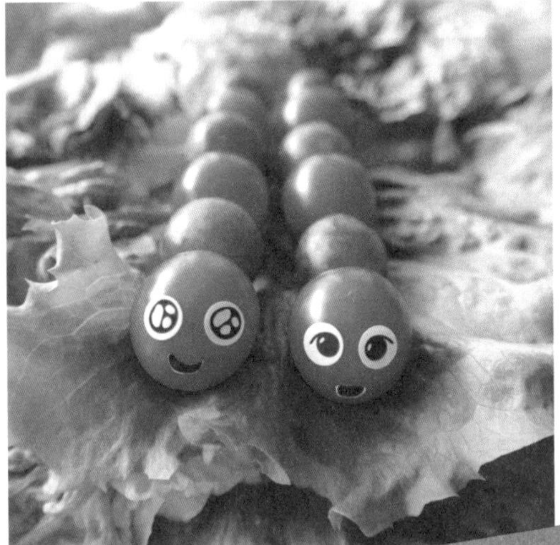

food_art

food_art

Rawfood Kids recipe

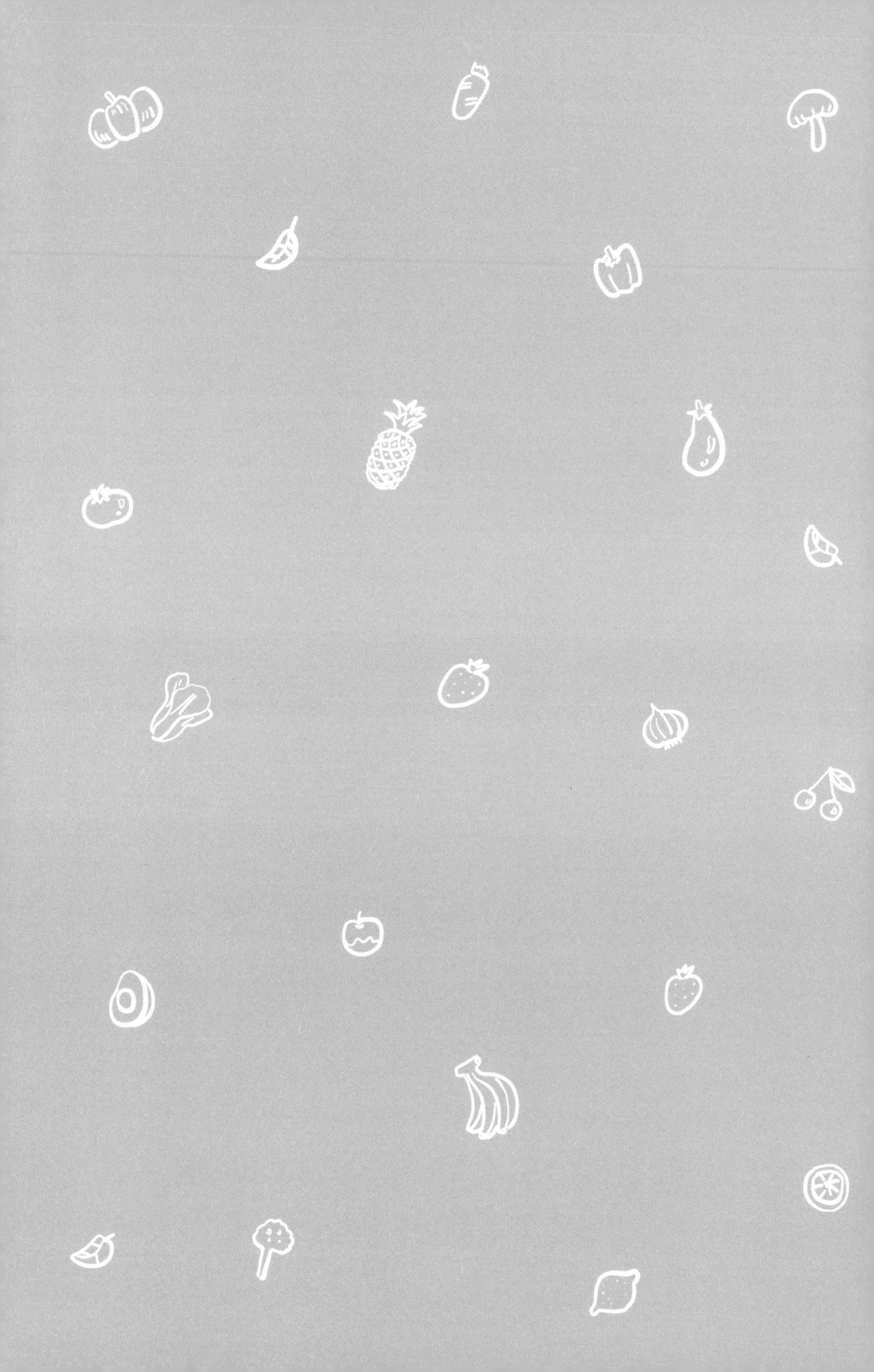

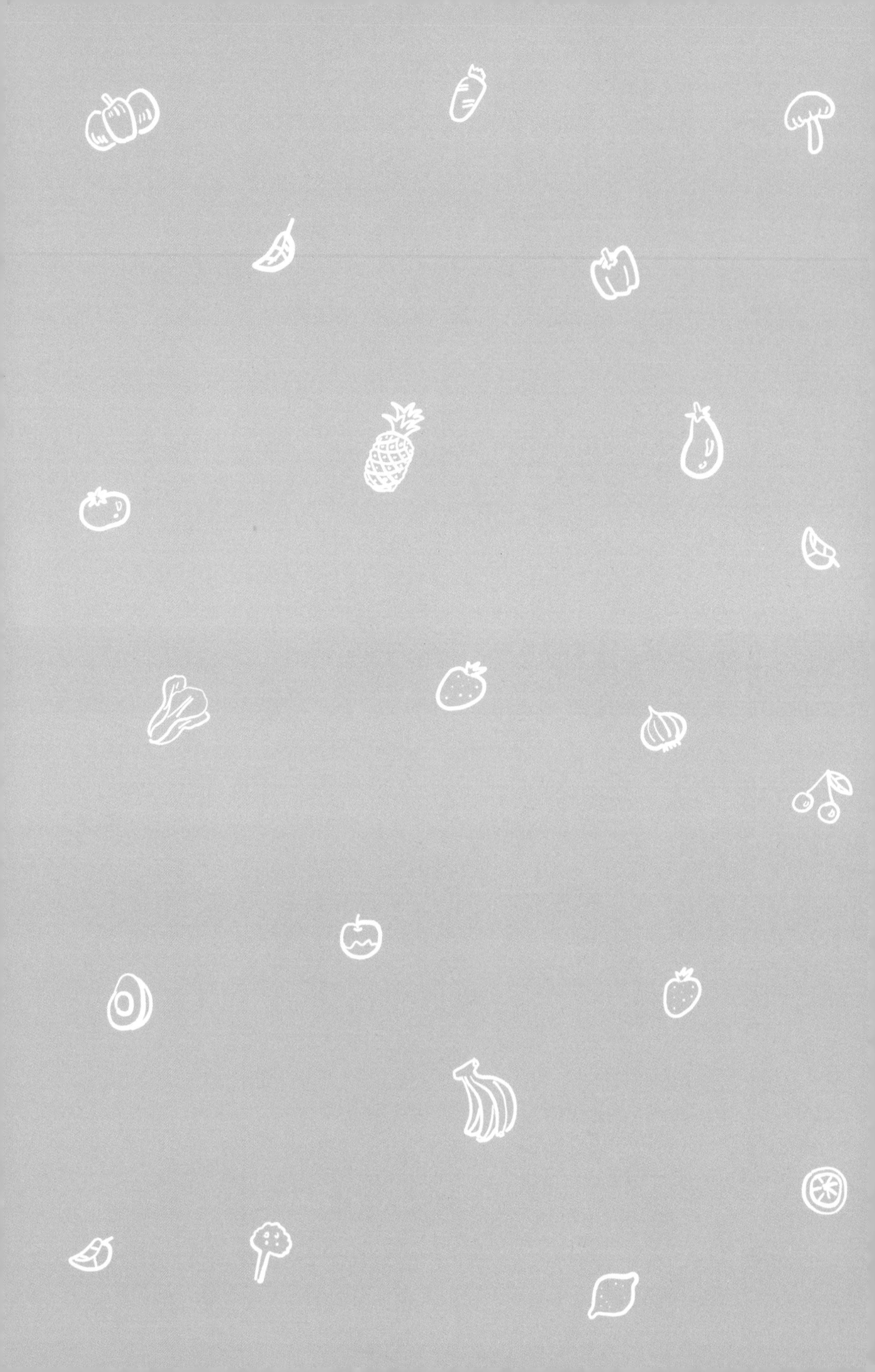